新工人三级安全教育丛书

新工人三级安全教育读本
（第二版）

主编　胡广霞　窦培谦

中国劳动社会保障出版社

图书在版编目（**CIP**）数据

新工人三级安全教育读本/胡广霞，窦培谦主编. —2 版.
—北京：中国劳动社会保障出版社，2015
ISBN 978－7－5167－1840－7

Ⅰ.①新…　Ⅱ.①胡…②窦…　Ⅲ.①安全生产-基本知识
Ⅳ.①X931

中国版本图书馆 CIP 数据核字(2015)第 109098 号

中国劳动社会保障出版社出版发行

（北京市惠新东街 1 号　邮政编码：100029）

*

三河市华骏印务包装有限公司印刷装订　新华书店经销

880 毫米×1230 毫米　32 开本　7.5 印张　1 彩色插页　196 千字
2015 年 5 月第 2 版　2022 年 5 月第 6 次印刷

定价：26.00 元

读者服务部电话：(010)64929211/84209101/64921644

营销中心电话：(010)64962347

出版社网址：http://www.class.com.cn

内 容 简 介

　　本书是《新工人三级安全教育读本》的第二版。本书对第一版进行了全面的修订，补充了近几年新颁布的《安全生产法》《职业病防治法》等法律法规的相关内容，适当减少了一些深奥理论，增加了常见安全生产事故的案例与分析，简要介绍了建筑业、机械制造业、煤矿、危险化学品企业等行业安全知识，使内容更加丰富、实用而全面。

　　本书讲述的主要内容有：工人应掌握的职业安全健康权利与义务、安全技术基础知识、职业卫生基础知识、个体防护知识、事故应急与急救知识等。本书文字简明，融科学性、针对性、实用性、通俗性为一体，使工人读得懂，用得上，既可作为新工人入厂安全教育的培训教材，也可作为企业各班组开展职业安全教育的知识读本。

　　本书由中国劳动关系学院组织编写，胡广霞、窦培谦担任主编。

前　言

　　《中华人民共和国安全生产法》规定："生产经营单位应当对从业人员进行安全生产教育和培训，保证从业人员具备必要的安全生产知识，熟悉有关的安全生产规章制度和安全操作规程，掌握本岗位的安全操作技能，了解事故应急处理措施，知悉自身在安全生产方面的权利和义务。未经安全生产教育和培训合格的从业人员，不得上岗作业。"

　　《生产经营单位安全培训规定》（国家安全生产监督管理总局令第3号）规定："煤矿、非煤矿山、危险化学品、烟花爆竹等生产经营单位必须对新上岗的临时工、合同工、劳务工、轮换工、协议工等进行强制性安全培训，保证其具备本岗位安全操作、自救互救以及应急处置所需的知识和技能后，方能安排上岗作业。""加工、制造业等生产单位的其他从业人员，在上岗前必须经过厂（矿）、车间（工段、区、队）、班组三级安全培训教育。"

　　企业对新入厂的工人进行三级安全教育，既是依照法律履行企业的权利与义务，同时也是企业实现可持续发展的重要措施。

　　不同行业的企业生产特点各不相同，存在的危险因素也大相径庭，要求工人掌握的安全生产技能和知识也有所不同，很难通过一本书来面面俱到地涉及不同行业需要的不同内容。"新工人三级安全教育丛书"按行业分类，更加深入、细致、全面地介绍相应行业的生产特点和技术要求，以及本行业作业人员可能遇到的典型危险因素，有助于工人快速地掌握本行业的安全生产知识，更贴近企业三级安全教育的要求，利于本单位、本企业进行新工人培训时使用，使新工人在学习了相关内容之后能够顺利地走上工作岗位，并对其今后正确处理工作中遇到的安全生产问题具有指导意义。

　　"新工人三级安全教育丛书"在2008年推出第一版后，受到了广大企业的欢迎和好评，并将这套丛书作为本单位新工人三级安全教育的教材和学习用书，取得了很好的效果。2009年以来，我国对与安全生产相关的法律法规进行了一系列的修改，尤其是2014年12月1日开始实施新修改的《安全生产法》，对用人单位从业人员的安全生产培训教育提出了更高的要求。为了能够给各行业企业提供一套适应时代发展要求的图书，我社对原图书品种进行了改版，并增加了建筑施工企业、道路交通运输企业两个行业的培训教材。新出版的丛书是在认真总结和研究企业新工人三级安全教育工作的基础上开发的，并在书后附加了用于新工人三级安全教育的试题以及参考答案，将更加具有针对性，是企业用于新工人三级安全教育的理想培训教材。

目　录

第一章 概　　述

第一节　安全生产教育

统计资料表明，刚入职工作不久的新工人在实际操作过程中最容易发生工伤事故，造成人身伤害。因此，为了使新工人不发生或少发生工伤事故，应对他们进行安全教育，培养其良好的安全素质，提高其安全意识，增强其预防事故的能力。安全教育也称安全生产教育，是一项为提高职工安全技术水平和防范事故能力而进行的教育培训工作。通过安全教育，使新工人不断认识和掌握企业的不安全、不卫生因素和伤亡事故规律，提高安全操作水平，发挥自防、自控的自我保护作用，使其免受伤害，从而有效地防止事故的发生。

一、安全生产教育的内容

安全生产教育的内容一般分为安全思想教育、安全技术知识教育、典型经验和事故教训教育等。

1. 安全思想教育

安全思想教育是从职工的思想意识方面进行培养和学习，包括安全意识教育、安全生产方针与政策教育、法制教育。通过教育，让每个职工深刻认识到安全生产的重要性，提高"从我做起"搞好安全生产的责任感和自觉性。

2. 安全技术知识教育

安全技术知识教育内容包括一般生产技术知识教育、生产安全技术知识教育以及专业性的安全技术知识教育。

（1）一般生产技术知识主要包括企业的基本生产概况、生产技术过程、作业方式或工艺流程、与作业相适应的机具设备知识、操作技术等。

（2）生产安全技术知识是企业所有职工都必须具备的基本安全技术知识。主要内容有：企业内的特别危险区域和设备，以及安全保护的基本知识和注意事项；有关电气设备（动力及照明）的基本安全知识；起重机械和场内运输的有关安全知识；生产中使用的有毒有害材料或可能散发的有毒有害物质的安全防护基础知识；企业中的一般消防制度和规则；个人劳动保护用品的正确使用；发生事故的紧急救护及伤亡事故报告办法；各特种作业工种的安全操作技术知识等。

（3）专业性安全技术知识是指安全技术、工业卫生技术和专业安全技术操作制度。主要内容有：特种作业人员所操作、驾驶的设备、设施［如锅炉、受压容器、起重机械、电气设备、焊接（气割）设备］，以及防爆、防尘、防毒、噪声控制等。

3. 典型经验和事故教训教育

运用企业内安全先进项目、单位的经验，进行介绍交流、宣传教育，并将企业内部的事故案例或外单位典型事故教训进行分析、教育，使广大职工从中看到危害性，吸取教训，提高防范能力。

二、安全生产教育的主要形式和方法

安全生产教育的形式和方法与一般教学的形式和方法相同，多种多样，各有特点。在实际应用中，要根据教育培训的内容和对象灵活选择。

经常性的安全宣传教育，可以结合本企业、本班组具体情况，采取各种形式，如组织安全活动日，召开班前班后会、安全交底会、事故现场会，利用班组园地或墙报张贴安全生产招贴画、宣传标语及标志，开展安全文化知识竞赛等。

安全生产教育的主要方法有课堂讲授法、实操演练法、案例研讨法、读书指导法、宣传娱乐法等。

第二节 生产岗位工人的安全教育

一、三级安全教育

三级安全教育是指对新招收的工人、新调入的工人、来厂实习的学生或其他人员所进行的厂级安全教育、车间安全教育、班组安全教育。其目的在于让新工人了解整个工厂及其工作的车间、班组的性质、工艺过程、危险部位的情况，同时还应让他们了解安全生产的方针、政策、法规、管理体制以及有关的安全生产基础知识，以便在生产实践中运用，保证安全生产。

1. 厂级安全教育的主要内容

新职工入厂后，在分配到车间或工作岗位之前，必须进行厂级安全教育。厂级安全教育一般由企业安全生产技术监督部门负责进行，授课时间为4~16 h，主要内容包括：

（1）介绍国家的安全生产方针、任务、政策、法规与管理体制。

（2）介绍企业的生产特点及其主要的工艺过程。

（3）介绍工厂设备分布情况及特别危险的地点和设备。

（4）介绍工厂安全生产的组织机构及主要安全生产规章制度。

（5）介绍有关机械、电气、起重、运输等安全技术的基础知识。

（6）介绍新工人的安全生产责任制。

（7）介绍企业典型事故案例和教训，抢险、救灾、救人常识以及工伤事故的报告程序等。

2. 车间安全教育的主要内容

新工人从厂部分配到车间后，由车间主任或安技人员负责进行车间安全教育，授课时间一般为4~8 h，主要内容包括：

（1）介绍车间的概况，如车间生产的产品、工艺流程及其特点，车间人员结构、安全生产组织状况及活动情况，车间危险区域、有毒及有害工种情况。

（2）介绍车间劳动保护方面的规章制度、注意事项及劳动保护用品的穿戴要求。

（3）介绍车间常见事故案例。

（4）根据车间的特点介绍安全技术基础知识。

（5）介绍车间防火及消防知识。

（6）组织新工人学习安全生产文件和安全操作规程。

3. 班组安全教育的主要内容

班组安全教育由工长或班组长负责进行，授课时间为 2～8 h，主要内容包括：

（1）介绍本班组的生产特点、作业环境、危险区域、设备状况、消防设施等。

（2）介绍本班组容易出事故的部位和对典型事故案例的剖析。

（3）讲解本工种的安全操作规程和岗位责任。

（4）讲解如何正确使用、爱护劳动保护用品以及文明生产的要求。

（5）实行安全操作示范。

进行三级安全教育，内容既要全面，又要突出重点，讲授要深入浅出，最好边讲解、边参观。每经过一级教育，均应进行考试，以便加深印象。

二、特种作业人员安全教育

特种作业是指在劳动过程中容易发生伤亡事故，对操作者本人，尤其对他人和周围设施的安全有重大危害的作业。直接从事特种作业的人员称为特种作业人员。

1. 特种作业的范围

特种作业的范围包括：电工作业，金属焊接、热切割作业，起重机械（含电梯）作业，企业内机动车辆驾驶，登高架设作业，锅炉作业（含水质化验），压力容器作业，制冷作业，爆破作业，矿山通风作业，矿山排水作业，矿山安全检查作业，矿山提升运输作业，采掘（剥）作业，矿山救护作业，危险物品作业，以及经国家安全生产监督管理总局批准的其他作业。

2. 对特种作业人员的培训、考核和取证要求

特种作业人员上岗前，必须进行专门的安全技术和操作技能培训，并经考核合格，取得"特种作业操作证"后方可上岗。特种作业人员的培训实行全国统一培训大纲、统一考核标准、统一证件的制度。"特种作业操作证"由国家统一印制，地、市级以上行政主管部门负责签发，全国通用。特种作业人员安全技术考核包括安全技术理论考试与实际操作技能考核两部分，以实际操作技能考核为主。

3. 特种作业人员重新考核和证件的复审要求

离开特种作业岗位达 6 个月以上的特种作业人员，应当重新进行实际操作考核，经确认合格后方可上岗作业。

取得"特种作业操作证"者，每 3 年进行 1 次复审。连续从事本工种 10 年以上，严格遵守有关安全生产法律法规的，经原考核发证机关或者从业所在地考核发证机关同意，"特种作业操作证"的复审时间可以延长至每 6 年 1 次。

"特种作业操作证"需要复审的，由申请人或者申请人的用人单位向原考核发证机关或者从业所在地考核发证机关提出申请，并提交下列材料：

（1）社区或者县级以上医疗机构出具的健康证明。

（2）从事特种作业的情况。

（3）安全培训考试合格记录。

未按期复审或复审不合格者，其操作证自行失效。

三、经常性安全教育

由于生产的条件、环境、机械设备的使用状态以及人的心理状态都是处于变化之中的，因此一次性安全教育不能达到一劳永逸的效果，必须开展经常性的安全教育，不断强化人的安全意识和知识技能。

经常性安全教育的形式多种多样，如班前班后会、安全活动月、安全会议、安全技术交流、安全考试、安全知识竞赛、安全演讲等。不论采取什么形式，都应该紧密结合企业安全、生产状况，有的放矢，内容丰富，真正收到教育效果。

四、"五新"作业安全教育

"五新"作业安全教育指凡是采用新技术、新工艺、新材料，使用新设备，试制新产品的单位，必须事先提出具体的安全要求，由使用单位对从事该作业的工人进行安全技术知识教育，在未掌握基本技能、安全知识前不准单独操作。"五新"作业安全教育包括安全操作知识和技能培训、应急措施的应用等。

五、复工和调岗安全教育

复工安全教育是针对离开操作岗位较长时间的工人进行的安全教育。离岗一年以上重新上岗的工人，必须进行相应的车间级或班组级安全教育。调岗安全教育是指工人在本车间临时调动工种和调其他单位临时帮助工作的，由接收单位进行所担任工种的安全教育。

第三节　行业安全综述

一、建筑业安全生产综述

建筑业在世界各国都是重要的国民经济支柱产业。长期以来，建筑业一直是各国职业安全事故率最高的工业部门之一。统计表明，在英国平均每周有 1 名建筑工人死亡，在美国平均每天有 2 名建筑工人死亡。在我国，据不完全统计每天有 3 人死于建筑事故。建筑事故造成的直接和间接损失在英国可达项目成本的 3% ~6%，在美国和香港分别高达 7.9% 和 8.5%。在竞争激烈的建筑业市场上，这一比例已经超过了承包商的平均利润率。由此可见安全问题已经成为建筑业发展的巨大障碍。

1. 施工现场的主要工种及易发安全事故

建筑业施工现场的主要工种有模板工、混凝土工、装卸搬运工、油漆工、防水工、钢筋工、瓦工、抹灰工、架子工、电工、焊工等。建筑业属于事故多发的高危行业，主要安全事故类型包括高处坠落、触电事故、物体打击、机械伤害、坍塌事故五种，为建筑业最常发生的事故,占事故总数的95%以上,称为"五大伤害"。如采取措施消除这五大伤害,伤亡事故将会大幅度下降,这是建筑施工安全技术要解决的主要方面。其他建筑施工易发生的事故还有火灾、中毒和窒息、火药爆炸、车辆伤害、起重伤害、淹溺、灼烫、锅炉爆炸、容器爆炸、其他爆炸、其他伤害等。下面介绍几个常见工种易发生的安全事故。

(1)模板工。建造各种钢筋混凝土构件,在浇筑混凝土前,必须按照构件的形状和规格安装坚固的模板,使它能够承受施工过程中的各种荷载,以确保混凝土浇筑作业的顺利进行。模板施工时经常发生的事故包括配制模板时的触电和机械伤害、模板安装和拆除过程中的高处坠落和物体打击、混凝土浇筑施工过程中的模板坍塌。

(2)电工、焊工。建筑施工现场的电工、焊工属于特种作业工种,必须按国家有关规定经专门安全作业培训,取得特种作业操作资格证书,方可上岗作业。其他人员不得从事电气设备及电气线路的安装、维修和拆除。在焊接与热切割作业过程中,容易造成触电、火灾及电弧伤害等事故。因此,每个焊工应熟知有关安全防护知识,自觉遵守安全操作规程,加强劳动保护意识,确保作业者的身体健康。

(3)钢筋工。在钢筋加工时,常因使用钢筋加工机械不当,发生机械伤害和物体打击事故;或在绑扎钢筋时,由于作业面搭设不符合要求、违章冒险作业,发生高处坠落、物体打击等事故。

(4)油漆工、防水工。油漆材料和防水材料通常都具有毒性、刺激性或易燃易爆性,因此,油漆、防水作业容易发生中毒窒息、火灾事故。施工作业中,要尽可能保持良好的通风,按规定戴防护口罩、防护眼镜或防护面罩。

(5)瓦工、抹灰工。砌体和抹灰施工作业时,容易发生高处坠落、物体打击等事故。

(6)搬运工及辅助工。搬运工及辅助工(也称普工)是施工现场最常见的工种,其人数众多,从事工作较杂,主要从事物料搬运，或作为其他技术工种的辅助人员（也以物料搬运为主）；工作技术含量低，劳动强度大，大多是初进入建筑施工现场，或者无一技之长的劳务工，安全意识较差，是较易发生安全事故的人群，并且发生的事故种类也较多。

（7）混凝土工。混凝土浇筑作业，较易发生的事故包括高处坠落、触电、坍塌等。

2. 建筑施工安全生产特点

（1）露天高处作业和立体交叉作业多。按照国家标准《高处作业分级》规定，目前建筑施工中有 90% 以上是露天高处作业。在空旷的地方盖房子，没有遮阳棚，也没有避风的墙，工人常年在室外操作，一栋建筑物从基础、主体结构到屋面工程、室外装修等，露天作业约占整个工程的 70%。建筑物都是由低到高建起来的，以民用住宅每层高 2.9 m 计算，两层就是 5.8 m，现在一般都是多层建筑，甚至到十几层或几十层，所以绝大部分工人都是在十几米或几十米甚至百米以上的高空从事露天作业，夏天热、冬天冷、风吹日晒，工作条件差。建筑产品的固定性和建筑结构的复杂性，导致在有限的空间和时间内集中了大量的人力、材料和机械共同施工生产，上下左右多层次的立体交叉作业，造成不安全因素多。

（2）人员流动性和施工季节性明显。施工作业的高强度，施工现场的噪声、热量、有害气体和尘土危害大，高空作业多，劳动对象的规模大以及工人须经常露天作业，决定了建筑工程施工企业中临时工和农民工所占的比例大，人员流动性强。据统计，目前施工工地中农民工占 50%～70%，甚至有的高达 95%。同时，高温和严寒等施工环境使得工人体力和注意力下降，雨雪天气还会导致工作面湿滑，夜间照明不够等，都容易导致安全事故的发生。此外，施工的流动性与施工设施、防护设施的临时性，容易使施工人员产生临时思想，忽视这些设施的质量，使安全隐患不能及时消除，以致发生事故。

（3）施工设施和安全防护设施的变化大，规则性差。每栋建筑物从基础、主体到装修，每道工序不同，不安全因素也不同；即使同一道工序由于工艺和施工方法不同，生产过程也不相同。而随着工程进度的发展，施工现场的施工状况和不安全因素也随着变化，每月、每天、甚至每小时都在变化。另外，建筑施工行业的每一项工程都有一定的工期，从几个月到几年不等，但这个时间是相对短暂的，每一部位的作业也是短暂的。建筑施工的这种变化性容易使管理人员和施工人员产生临时观念，对施工中出现的防护设施落实不到位等安全隐患麻痹大意，认为凑合凑合就能过去了。而每栋建筑物从地基打桩、主体工程到屋面装修，不同时段的不安全因素随工程的进度而变化，针对这些变化，施工安全防护设施也要不断地改变、补充和完善，才能保证安全生产。

（4）建筑施工活动空间狭小，使不安全因素增多。建筑施工与其他行业最大的区别就是产品固定。建筑产品是固定的，体积大、生产周期长。一座厂房、一栋楼房、一座烟囱或一件设备，一经施工完毕就固定不动了，生产活动都是围绕着建筑物、构筑物来进行的，这就形成了在有限的场地上集中了大量的工人、建筑材料、设备零部件和施工机具进行作业，这种情况一般持续几个月或一年，甚至于三五年，工程才能施工完成。建筑产品的固定性造成在有限的场地和空间内集中了大量的人力、材料和机具，当场地窄小时，由于多层次的主体交叉作业，很容易造成物体打击等伤害事故。同时，建筑物体积庞大，外部形体形式多样，使得安全管理办法和安全防护措施随着工程类型和进度发展要做调整。对于目前在城市施工的超高层建筑、特殊形体建筑，其围护工作更受到空间狭小的限制，使得操作者的危险度增加，高处坠落事故增多。

（5）建筑施工现场存在的不安全因素复杂多变。建筑施工的高能耗，施工作业的高强度，施工现场的噪声、热量、有害气体和尘土，劳动对象规模大且高空作业多，以及工人经常露天作业，受天气、温度影响大，这些都是工人经常面对的不利工作环境。同时，高温和严寒使得工人体力和注意力下降，雨雪天气还会导致工作面湿滑，夜间照明不够等，都容易导致安全事故的发生。

（6）施工作业的非标准化，使得施工现场危险因素增多。工程的建设有多方参加，需要多种专业技术知识。加上我国幅员辽阔，地区差异大，地区发展不平衡，建筑企业数量多，其技术水平、人员素质、技术装备、资金实力参差不齐。这使得建筑安全生产管理的难度增加，管理层次多，管理关系复杂。而当前的安全管理和控制手段较单一，很多仅依赖经验、安全检查等方式，技术标准难以统一，也难以形成详细的统一管理标准。

二、机械制造业安全生产综述

据统计，我国每年发生各类事故 100 万起左右，死亡人数在 13 万人以上，造成的损失约占国民生产总值的 4%。根据国际劳工组织统计，在机械制造业中全世界每年因工死亡人数约为 10 万人，丧失工作能力的约 150 万人，可见，机械制造业中的安全事故所占比例是相当大的，它不仅影响企业的声誉与效益，而且严重伤害员工的身心健康甚至生命。在制造企业有秩序的生产活动和过程中发生的不测事件，不仅造成生产的中断或干扰，而且造成生产设施和材料的损坏，直接延误了生产，给员工和企业造成的伤害和损失是不言而喻的。

1. 机械制造业主要工种

机械制造业主要工种包括金属切削类的车工、铣工、数控机床工、磨工、刨床工，钳工类的一般钳工、维修钳工、装配钳工、划线钳工、千斤顶工、手工钻工，焊工，热处理工，涂装作业类的电镀工、油漆工、抛光工。

2. 机械制造业各工种易发事故种类

机械制造业作业类别众多、设备品种繁杂，各工种以及涉及的加工技术关联到机械力、热力、电力、光、化学、粉尘、有毒成分等众多因素，危及操作者或有关人员的安全和健康。下面简单介绍机械制造业部分工种的易发事故。

（1）金属切削机床（车、铣、磨、刨、镗等设备）产生的危险源

1）运动危险。

①直线运动的危险。由机械的往复或接近对人身造成伤害，如刨床、内外圆磨床的往复运动，铣床的升降运动等。

②旋转运动的危险。机械的旋转部件将人体或衣服卷入，造成伤害，如机床的主轴、卡盘、丝杆，磨削的砂轮，切削刃具——钻头、铣刀锯片等在旋转时伤人。

2）静止危险。人接触或与静止的设备产生相对运动，如被设备的尖锐部位或部件划伤、撞伤。

3）飞出物击伤。刀具或机械部件（如未夹紧的刀具、工件）、破碎的砂轮在高速旋转中飞出伤人；连续的或破散飞出的金属切屑伤人。

4）机械加工中的烫伤。高温金属切屑对人体的烫伤。

5）切屑对眼睛的伤害。切屑高速飞入眼中造成伤害。

6）机械加工中的电气伤害。

（2）钣金机械（冲、剪、压设备）产生的危险源

1）冲、剪、压设备由于设备老化等原因造成运转失灵。

2）冲、剪、压设备未设计安全防护装置或安全防护装置设计不合理。

3）冲压模具对操作者的伤害。模具开合时，未能防止操作者的手或身体的一部分进入模具之间，造成伤害。

4）冲压工件飞边对操作者的伤害，如划伤等。

5）剪板机及其他设备的传动带、飞轮等运动部件将人体或衣服卷入，造成伤害。

6）剪板机脚踏开关误操作。剪板机一般由两人同时操作，脚踏开关易误操作造成人体肢体、皮肤等伤害。

7）冲压，特别是高速冲压产生的高分贝噪声对人体听力的伤害。

8）冲、剪、压设备使用中的电气伤害。

（3）铸造过程（造型、熔炼、落砂清理）的危险源

1）造型中起重、运输设备等造成的起重伤害、机械伤害。

2）铸造设备对人体的伤害，包括撞伤、旋转部件将人体卷入

（如混砂设备隔离罩电气联锁装置失灵或设计不合理）。

3）铸造过程中的电气伤害。

4）造型中的粉尘伤害造成的硅肺、尘肺等职业病。

5）造型中的噪声伤害。

6）熔炼现场的金属、焦炭及其他辅助材料的运输、起重、堆放、破碎加工等造成的事故伤害；有毒有害气体（如一氧化碳、二氧化碳、二氧化氮、二氧化硫等）和高温水蒸气等对人体的伤害；熔炉高温对炉前工的烫伤，热辐射造成的人体伤害、职业病；高温对浇铸工的烫伤，热辐射造成的人体伤害、职业病。

7）落砂清理过程中的噪声对人体听力的伤害，粉尘造成的硅肺等职业病，飞砂对人眼、皮肤的伤害等。

（4）锻造过程的危险源

1）锻造设备的机械运动对人体的伤害，如空气锤、模锻锤、压力机等造成的伤害，起重设备运动造成的机械伤害等。

2）锻造过程中，锻件、料头、氧化皮等飞出物对人的击伤、烫伤。

3）锻造过程中噪声对人体听力的伤害。

4）锻造过程中，锻炉、高温锻件等高温热辐射造成的灼伤、烫伤、高温致病等危害。

5）锻造过程中设备事故造成的伤害，如锤杆断裂、锤头下滑等事故对操作者的伤害。

6）锻造过程中更换胎模造成的烫伤、机械损伤。

（5）热处理过程的危险源

1）热处理过程中工件加热时产生的高温对人体造成的烫伤、灼伤、高温致病等危害。

2）热处理过程中的工件搬运、起重过程中的机械伤害，高温工件对人体造成的烫伤、灼伤、高温致病等危害。

3）热处理过程中使用的强酸、强碱及其他有毒有害化学品对人体的伤害和造成的职业病。

4）热处理过程中加热、起重及其他设备用电过程中的电气伤害。

（6）焊接过程的危险源

1）电焊操作中的电击伤害。

2）电焊操作过程中的电弧灼伤人体皮肤、对人眼造成电弧光伤害。

3）电焊过程中工件起重的机械伤害。

4）焊接过程中的高空坠落伤害。

5）气焊中的气瓶爆炸。

6）气焊、气割的强光、火花灼伤人体皮肤、对人眼造成伤害。

（7）电工操作的危险源

1）高压电、非安全电压造成的电击事故。

2）电工登高操作中的高空坠落造成的人身事故。

3）高压电的跨步电压造成的人身事故。

4）违反操作规程造成的人身伤害。

5）用电设备老化、损坏，或接地不良等造成的电击事故。

6）手持电动工具未使用安全电压造成的电击事故。

三、危险化学品安全生产综述

1. 危险化学品事故种类

危险化学品事故是指由一种或数种危险化学品或其能量意外释放造成的人身伤亡、财产损失或环境污染事故。危险化学品事故主要划分为危险化学品火灾事故、危险化学品爆炸事故、危险化学品中毒和窒息事故、危险化学品灼伤事故、危险化学品泄漏事故等。

2. 危险化学品生产事故特征

危险化学品事故的基本特点是：具有突发性、多发性、易发性、复杂性、连续性、扩散性、伤害特殊性，救援难度大，社会形象及经济损失较大。

（1）易发性。易燃易爆的化学品在常温常压下，经撞击、摩擦、热源、火花等火源的作用，能发生燃烧与爆炸，这决定了危险化学品安全生产事故具有易发性。一般来说，气体比液体、固体易燃爆，且燃速快；由简单成分组成的气体比复杂成分组成的气体易燃爆，价键不饱和的化合物比价键饱和的化合物易燃爆；分解爆炸性气体，如乙烯、乙炔、环氧乙烷等，不需与助燃气体混合，其本身就会发生爆炸；有的化学物质相互间不能接触，否则将产生爆炸，如硝酸与苯，高锰酸钾与甘油。

（2）扩散性。当发生危险化学品事故时，事故所涉及的范围较广。化学事故中化学物质溢出，可以向周围扩散。比空气轻的可逸散于空气中扩散，与空气形成混合物，随风飘荡，致使燃烧、爆炸与毒害蔓延扩大；比空气重的多流散于地表、沟、角落等处，可长时间积聚不散，造成迟发性燃烧、爆炸和造成毒物浓度增高，引起人员中毒。这些气体的扩散性受气体本身密度的影响，分子量越小的物质扩散越快。如氢气的分子量最小，其扩散速度最快，在空气中达到爆炸极限的时间最短。

（3）突发性。化学物质引发的事故，多是突然爆发，在很短的时间内或瞬间即产生危害。一般的火灾要经过起火、蔓延扩大到猛烈燃烧几个阶段，需经历几分钟到几十分钟，而危险化学品一旦起火，迅速蔓延，燃烧、爆炸交替发生，加之有毒物质的弥散，迅速产生危害。许多化学事故是由高压气体从容器、管道、塔、槽等设备泄漏出来，由于高压气体的性质，短时间内喷出大量气体，使大片地区迅速变成污染区。

（4）毒害性。有毒的化学物质，不论其是脂溶性的还是水溶性的，都有进入机体与损坏机体正常功能的能力。这些化学物质按一种或多种途径进入机体达到一定量时，便会引起机体结构的损伤，破坏正常的生理功能，引起中毒。

（5）救援难度大。由于危险化学品种类繁多，各自具有不同的理化性质，因此一旦发生事故，就需要专门的救援队伍，同时也需要一些专业人员，这给救援带来一定的困难。

（6）损失严重。危险化学品事故往往造成惨重的人员伤亡和巨大的经济损失。重、特大危险化学品事故案例比比皆是。2010 年 7 月 16 日，在大连新港，中石油油罐区发生爆炸和原油泄漏事故，部分原油流入附近海域，约 50 平方公里的海平面受到这次爆炸事故的影响，直接造成的经济损失达 5 亿元以上。而在 10 月 24 日，由于工作人员疏忽，在拆除 103 号罐时不慎又引起火灾。事隔一年后的 2011 年 7 月 16 日，中石油大连石化分公司某炼油厂再次燃起大火，这场火灾导致该 1 000 万吨炼油厂无法正常生产。

3. 危险化学品安全生产现状

当前我国危险化学品安全生产的现状不容乐观，火灾、爆炸、中毒窒息事故频频发生，总体而言，安全形势严峻。这种局面的形成，是由多种原因造成的。

（1）未牢固树立以人为本、安全第一的思想。由于思想认识有差距，《安全生产法》关于企业安全保障的各项规定，在一些危险化学品从业单位没有得到认真的贯彻落实。由于近年来化学工业领域伤亡事故相对较少，再加上对没有造成人员伤亡的化学品事故未纳入查处和责任追究的范围，造成化工企业安全工作压力不大，责任制不能深入落实，安全管理规章制度不健全，管理松弛。

（2）规模型企业少，中小企业多。中小企业普遍基础薄弱，安全技术落后，人员素质低下，缺乏知识与技术培训，设备陈旧老化，工作空间狭小，从事危险作业时，大多缺乏劳动保护装置和缺少警报装置，很多工作场所没有排气、排水装置，事故隐患多。

（3）安全管理队伍参差不齐。在一些大型化工厂，安全管理人员大多是既有理论基础，又有实践经验的生产骨干，建立了一支素质较高的安全管理队伍，这就为企业进行科学的安全管理提供了有力保障。而在许多中小型化工厂，领导对安全的重视不够，导致安全无人管，甚至有些企业安全管理人员只是兼职或者是专职但未接受过专业系统的训练，出现想管不会管的现象。

（4）化学品安全科研工作还有较大差距。由于种种原因，我国化学品安全的科学技术研究落后于先进工业化国家，安全生产技术基础薄弱。化学事故的发生机理、安全可靠的工艺流程等基础性研究滞后；化学事故防范、应急救援关键技术等实用性技术的研究和推广应用，也存在较大差距；化学品安全技术标准体系中的很多内容已不能满足目前安全管理的要求。这些，都制约和影响着危险化学品安全形势的稳定和好转。

四、煤矿安全生产综述

与世界其他产煤国相比，我国煤矿事故频发。大量的煤矿事故不仅使国家和人民的经济财产遭受了巨大的损失，而且还对广大煤矿工人的生命构成极大的威胁，给社会造成不良影响。煤矿事故的多发性和严重性是我国煤矿安全生产所面临的极大挑战。

1. 我国煤矿安全生产事故的特征

（1）煤矿事故在工矿企业生产事故中最严重。近年来，我国煤炭安全生产总体上向好的方向发展，但形势依然十分严峻，主要表现在：死亡人数多，变化幅度大。煤炭行业的死亡人数逐年递增，从1965年以来，平均每年增加约400人。2006年至2011年煤炭产量逐年增长，死亡人数不断下降，百万吨死亡率下降到0.5，已达到或接近中等发达国家水平，这是近十年最好的安全水平，但百万吨死亡率仍然远高于其他产煤大国。

（2）事故发生次数多，死亡人数多。2001年至2005年，煤矿事故频发，事故起数和死亡人数居高不下。这五年，煤矿事故起数基本在3 500起左右，死亡人数基本都在6 000人左右，造成巨大的财产损失和人员伤亡。

（3）重特大事故多。1991年至2006年，全国煤矿发生3人以上死亡事故共6 020起，死亡44 721人，平均每年发生376起，死亡2 795人。其中2001年至2006年，全国煤矿发生3人以上死亡事故共1 929起，死亡13 997人，平均每年发生321起，死亡2 332人；其中10人以上事故326起，死亡6 705人，平均每年发生54起，死亡1 117人。2004年10月以来，接连发生了河南郑州大平煤矿、陕西铜川陈家山煤矿、辽宁阜新孙家湾煤矿、广东梅州大兴煤矿、黑龙江七台河东风煤矿及河北唐山刘官屯煤矿等多起涉难百人以上的煤矿事故。特别是2005年2月14日发生的孙家湾煤矿瓦斯爆炸事故死亡214人，成为新中国成立以来死亡人数最多的一次煤炭生产事故。煤矿重大事故的不断发生，不但给国家和人民造成了重大的经济损失，也带来了不良的社会和政治影响。

（4）乡镇煤矿"事故多"。2006年，全国乡镇煤矿共发生事故2 149起，死亡3 431人，事故起数和死亡人数分别占全国煤矿事故起数和死亡人数的73%、72.3%。乡镇煤矿百万吨死亡率为3.85，分别是国有重点煤矿的6.15倍和地方国有煤矿的1.95倍。

（5）瓦斯、水害"事故突出"。在对煤矿事故按类别进行分类时，可以根据常见事故的类型分为瓦斯事故、火灾事故、顶板事故、水灾事故、运输事故、放炮事故和机电事故七类。其中瓦斯事故（含煤与瓦斯突出）和水灾事故发生的起数较多，占事故总起数的85.09%。

（6）"职业病"危害严重。职业病是指企业、事业单位和个体经济组织（以下统称用人单位）的劳动者在职业活动中，因接触粉尘、放射性物质和其他有毒、有害物质等因素而引起的疾病。我国实际接触有害作业的人数、职业病患者累积数、死亡人数和新发病例，都是世界上最高的。煤炭行业是职业危害最严重的行业，其"职业病"主要是尘肺病。此外，风湿、腰脊劳损等职业疾病，在煤矿也普遍存在。

（7）经济损失严重。煤矿事故造成的经济损失很大，常常导致矿毁人亡。国家明文规定，煤矿重特大事故每死亡一人平均赔偿不低于20万元。再加上井下设备毁坏、停产造成的经济损失以及复产发生的经济投入，每年事故造成的直接经济损失预计达2 500亿元左右。煤矿重大动力灾害的威胁还极大地限制了矿井生产能力，导致矿井机械化装备的效能只能发挥60%～70%，降低了生产效率，每年的经济损失达数百亿元。

2. 煤矿工种分类

煤矿井下作业主要包括两部分，即生产与安全。生产就是日常进行的采煤、掘进等创造直接经济效益的活动；安全是为了在采煤、掘进等生产作业过程中能够保证工人的人身、环境安全，矿井的设备设施等不受损害而进行的一系列活动，例如防突、抽采、通风等作业。生产和安全密不可分，任何一个工种的不安全操作都会酿成重大事故。

按生产过程中的作业方式和功能可以将煤矿井下作业确定为10

种类型，它们分别是：井下电气作业、井下爆破作业、安全检测监控作业、瓦斯检查作业、安全检查作业、运输操作作业、采掘操作作业、瓦斯抽采作业、煤矿防突作业、煤矿地测作业。其中，采煤作业和掘进作业在煤矿企业中一般属同一个生产部门的科室（区队），因此将其归为一个作业类型，即采掘操作作业；防突作业主要由爆破作业、瓦斯抽采作业、煤矿防突作业等为了消除煤与瓦斯突出危险的作业种类组成；通风作业由瓦斯检查作业、安全检查作业以及瓦斯抽采作业等为了加强煤矿通风安全及通风管理的作业种类组成。具体作业类型见表1—1。

表1—1　　　　　　煤矿井下工种划分一览表

序号	划分类型	具体内容	对应工种
1	井下电气作业	指从事煤矿井下机电设备的安装、调试、巡检、维修和故障处理，保证本班机电设备安全运行的作业	煤矿电气安装工、煤矿机械安装工、矿井维修电工、采掘电钳工、变（配）电工、电焊工、主扇风机操作工、综采维修电钳工、液压支架维修工、井筒维修工、绞车操作工、矿井维修电钳工
2	井下爆破作业	指在煤矿井下进行爆破的作业	井下爆破工、矿山火药库工
3	安全检测监控作业	指从事煤矿井下安全监测监控系统的安装、调试、巡检、维修，保证其安全运行的作业	检测监控操作工、设备维修工、安全仪器监测工
4	瓦斯检查作业	指从事煤矿井下瓦斯巡检工作，负责管辖范围内通风设施的完好及通风、瓦斯情况检查，按规定填写各种记录，及时处理或汇报发现问题的作业	瓦斯检查员、矿井测尘工、矿井防尘工

序号	划分类型	具体内容	对应工种
5	安全检查作业	指从事煤矿安全监督检查，巡检生产作业场所的安全设施和安全生产状况，检查并督促处理相应事故隐患的作业	安全检查员、防爆电气检查员、锚喷工、巷道掘砌工、矿井通风工、矿井测风工
6	运输操作作业	指操作煤矿的提升设备运送人员、矿石、矸石和物料，并负责巡检和运行记录的作业	提升机司机、绞车操作工、信号把钩工、胶带输送机操作工、转载机司机、给煤机司机、电机车司机、电机车修配工、矿车修理工、矿井轨道工、井下搬运工、钢缆胶带操作工
7	采掘操作作业	指在采煤工作面、掘进工作面操作采煤机、掘进机，从事落煤、装煤、掘进工作，负责采煤机、掘进机巡检和运行记录，保证采煤机、掘进机安全运行的作业	采煤机司机、综掘机司机、综采集中控制操作工、破碎机司机、采煤工、支护工、充填回收工、水采工、液压支架工、液压泵工、矿压观测工、巷修工、翻罐工、拥罐工、井下普工、空气压缩机司机
8	瓦斯抽采作业	指从事煤矿井下瓦斯抽采钻孔施工、封孔、瓦斯流量测定及瓦斯抽采设备操作等，保证瓦斯抽采工作安全进行的作业	瓦斯抽放工、钻机操作工、注浆工、注氮工、瓦斯泵工
9	防突作业	指从事煤与瓦斯突出的预测预报、相关参数的收集与分析、防治突出措施的实施与检查、防突效果检验等，保证防突工作安全进行的作业	瓦斯防突工、注水工

序号	划分类型	具体内容	对应工种
10	煤矿地测作业	指从事煤矿探放水的预测预报、相关参数的收集与分析、探放水措施的实施与检查、效果检验等，保证探放水工作安全进行的作业	矿山测量工、矿山地质工、井下钻探工、井下探放水工、水泵工

3．煤矿生产易发生的事故

（1）矿尘事故。

1）煤尘能燃烧爆炸，使矿井遭到破坏，造成大量人员伤亡。

2）矿尘职业病。悬浮矿尘长期吸入人体，造成肺部组织纤维化病变，使肺部失去弹性，减弱或丧失呼吸能力，以致缩短生命。矿尘职业病又分为煤肺病、煤硅肺病和硅肺病。

3）污染劳动环境，影响作业人员视线和操作，易发生事故。

（2）矿井火灾事故。

1）火灾产生大量的有害气体，如一氧化氮、二氧化硫等，严重威胁人员的生命安全。

2）引起瓦斯、煤尘爆炸。在有瓦斯、煤尘爆炸危险的矿井内，处理火灾过程中易诱发爆炸事故，扩大灾情及伤亡。

（3）矿井水灾事故。

1）井下巷道和采掘工作面出现淋水时，空气潮湿，人易患风湿病。

2）矿井水腐蚀井下各种金属设备、支架、轨道等。

3）如果发生了突水和透水，就可能淹没采掘工作面或矿井，造成人员伤亡。

（4）顶板事故及防治。在地下采掘过程中，由于矿山压力的作用，顶板会垮落。如果顶板管理工作出现漏洞，则会发生顶板事故。

1）一般会推垮支架、埋压设备，造成停电、停风，给安全管理带来困难，对安全不利。

2）如果是地质构造带附近的冒顶事故，不仅给生产造成麻烦，而且有时会引起透水事故的发生。

3）在瓦斯涌出区附近发生顶板事故，将伴有瓦斯的突出，易造成瓦斯事故。

4）如果是采掘工作面发生顶板事故，一旦人员被堵或被埋，将造成人员伤亡。

（5）矿井运输事故。

（6）煤矿瓦斯、煤尘爆炸。

1）高温。焰面是巷道中运动着的化学反应区和高温气体，其速度大、温度高。焰面温度可高达 2 150～2 650℃。焰面经过之处，可致人被烧死或大面积烧伤，可燃物被点燃而发生火灾。

2）冲击波。锋面压力由几个大气压到 20 个大气压，前向冲击波叠加和反射时可达 100 个大气压。其传播速度总是大于声速，所到之处造成人员伤亡、设备和通风设施损坏、巷道垮塌。冲击包括进程冲击和回程冲击。

3）有害气体。井下发生瓦斯爆炸以后，将会产生大量的一氧化碳，如果有煤尘参与爆炸，一氧化碳的生成量更大。空气中的一氧化碳浓度，按体积计算达到 0.4% 时，人在短时间内就会中毒死亡。一氧化碳中毒是瓦斯爆炸造成人员伤亡的主要原因。

第二章 职业安全健康权利与义务

第一节 职工享有的职业安全与卫生权利

职工既是安全生产保护的对象，又是实现安全生产的基本要素。为了实现安全生产，防止和减少安全生产事故，必须保障生产经营单位的职工依法享有获得安全保障的权利。

一、获得劳动安全、卫生保护的权利

从劳动合同方面保障从业人员劳动安全、防止职业危害、办理工伤保险和禁止订立非法协议。

《中华人民共和国劳动法》（以下简称《劳动法》）第 3 条规定，劳动者享有"获得劳动安全卫生保护的权利"。应当指出，劳动者享有的安全、卫生权利必须在劳动合同中体现出来。劳动合同是劳动者与用人单位确立劳动关系、明确双方权利和义务的协议，是双方建立劳动关系、确定劳动关系内容的凭证和依据。从劳动者的角度来看，也可以说是保障其合法权益的"护身符"。职工为了保障自己的合法权益，在与用人单位建立劳动关系的时候应当签订劳动合同。

1. 保障劳动安全、防止职业危害的事项

《中华人民共和国劳动合同法》（以下简称《劳动合同法》）第 17 条规定，劳动保护、劳动条件和职业危害防护、社会保险都属于劳动合同的必备条款。

《中华人民共和国安全生产法》（以下简称《安全生产法》）第 49 条第 1 款规定，劳动合同中应当载明有关保障从业人员劳动安全、防止职业危害的事项。这是生产经营单位必须履行的一项义务，也是从业人员享有的一项重要权利。

《中华人民共和国职业病防治法》（以下简称《职业病防治

法》）第 34 条规定："用人单位与劳动者订立劳动合同（含聘用合同，下同）时，应当将工作过程中可能产生的职业病危害及其后果、职业病防护措施和待遇等如实告知劳动者，并在劳动合同中写明，不得隐瞒或者欺骗。劳动者在已订立劳动合同期间因工作岗位或者工作内容变更，从事与所订立劳动合同中未告知的存在职业病危害的作业时，用人单位应当依照前款规定，向劳动者履行如实告知的义务，并协商变更原劳动合同相关条款。用人单位违反前两款规定的，劳动者有权拒绝从事存在职业病危害的作业，用人单位不得因此解除与劳动者所订立的劳动合同。"

2. 办理工伤保险的事项

工伤保险是指劳动者在工作中或在规定的特殊情况下，遭受意外伤害或者患职业病导致暂时或永久丧失劳动能力以及死亡时，劳动者或者其遗属从国家和社会获得物质帮助的一种社会保险制度。根据社会保险法的规定，工伤保险具有强制性，职工应当参加工伤保险，由用人单位缴纳工伤保险费，职工不缴纳工伤保险费。

《安全生产法》第 49 条第 1 款规定，劳动合同中应当载明有关依法为从业人员办理工伤保险的事项。

3. 禁止订立非法协议

《安全生产法》第 49 条第 2 款规定，生产经营单位不得以任何形式与从业人员订立协议，免除或者减轻其对从业人员因生产安全事故伤亡依法应承担的责任。

二、对危险因素和应急措施知情的权利

《安全生产法》第 50 条规定："生产经营单位的从业人员有权了解其作业场所和工作岗位存在的危险因素、防范措施及事故应急措施，有权对本单位的安全生产工作提出建议。"

1. 知情权

从业人员有权了解其作业场所和工作岗位三个方面的情况：一是存在的危险因素；二是防范措施；三是事故应急措施。知情权是从业人员的一项重要权利，其他一些法律也有相应的规定，如《职业病防治法》中规定，劳动者有权了解工作场所产生或者可能产生

的职业病危害因素、危害后果和应当采取的职业病防护措施。

有关危险因素、防范措施及事故应急措施等内容，可通过多种方式来告知职工。

（1）告知方式。如前所述，在劳动合同中，用人单位应当将工作场所存在的危害因素及其防范措施、应配备的劳动防护用品和应采取的事故应急救援措施等如实告知职工，不得隐瞒或者欺骗。此外，用人单位还应当采取其他措施履行告知的责任：

1）通过在醒目的位置设置公告栏等方式，公布有关劳动安全卫生规章制度、安全操作规程、劳动安全事故应急救援措施、职业危害因素检测结果等。

2）对职业危害较为严重的岗位和作业点，应当在醒目位置设置警示标志并附有警示说明。警示说明应当载明职业危害因素的种类、后果、预防以及应急救援措施等内容。

3）用人单位提供给职工使用的机器、设备、材料等，如果可能产生职业危害，应当向职工提供使用说明书或者安全操作规程。

（2）告知内容。职工有权了解的情况主要包括以下两个方面：

1）作业场所和作业岗位存在的或可能产生的危害因素。主要包括：易燃、易爆、有毒、有害、噪声、振动、辐射性物质等危险物品及其可能对人体造成的危害后果；机械、电气设备运转时存在的危险因素以及对人体可能造成的危害后果等。职工了解这些危险因素及其危害后果，对提高防范意识十分必要。用人单位应当如实告知，不得隐瞒或者欺骗。

2）对危害因素的防范措施和事故应急救援措施。对危害因素的防范措施是指为了防止、避免危害因素对职工的安全和健康造成伤害，从技术上、操作上和个体防护上所采取的措施。事故应急救援措施是指用人单位根据本单位实际情况，针对可能发生事故的类别、性质、特点和范围而制定的，一旦事故发生时，所应当采取的组织、技术措施和报警、急救、逃生等应急救援措施等。职工了解这些内容，可有效地预防事故的发生，可将事故损失降低到最低程度，也可更好地进行自我保护。

法律明确规定了职工享有了解其作业场所和工作岗位安全卫生状况和应急救援措施的权利，即知情权。这一权利对保护职工自身的安全和健康极为重要，也是职工行使民主参与权的前提条件。用人单位是保证职工知情权的责任方，如果用人单位没有履行告知的责任，职工有权拒绝工作，用人单位对由此产生的后果承担相应的法律责任。

2. 建议权

从业人员尤其是工作在一线的从业人员，最了解生产经营活动的实际，对于如何保证安全生产、改善劳动条件和作业环境，最有发言权。因此，规定从业人员有权对本单位安全生产工作提出建议，可以充分发挥他们的聪明才智，提高企业的安全生产水平。

三、批评、检举、控告的权利

职工是安全生产和职业病防治的主力军，他们对事故隐患和职业病危害情况最了解，对安全管理中的问题最清楚，能够提出一些合理的、切中要害的批评与建议，可以减少用人单位在安全生产和职业病防治工作中的失误。只有依靠他们并且赋予他们必要的安全生产监督权和建议权，才能充分发挥职工在安全生产和职业病防治方面的积极性、能动性，实现防患于未然。但一些用人单位的主要负责人，不重视职工的正确意见和建议，使本来可以发现、及时处理的安全、卫生问题不断扩大，导致事故发生和人员伤亡；有的负责人竟然对批评、检举、控告用人单位安全生产问题的职工进行打击报复。对此，法律规定职工有权对用人单位违反劳动安全、卫生法律、法规和标准或者不履行安全、卫生保障责任的情况提出批评、检举和控告。

《劳动法》第56条规定："劳动者对用人单位管理人员违章指挥、强令冒险作业，有权拒绝执行；对危害生命安全和身体健康的行为，有权提出批评、检举和控告。"

《安全生产法》第51条规定："从业人员有权对本单位安全生产工作中存在的问题提出批评、检举、控告，有权拒绝违章指挥和强令冒险作业。生产经营单位不得因从业人员对本单位安全生产工作提出批评、检举、控告或者拒绝违章指挥、强令冒险作业而降低其工资、福利等待遇或者解除与其订立的劳动合同。"

《职业病防治法》第 40 条第 5 款规定，劳动者享有"对违反职业病防治法律、法规以及危及生命健康的行为提出批评、检举和控告"的权利。

用人单位主要负责人应当为职工充分行使批评、检举、控告权利提供机会，重视和尊重职工的批评和建议，并对他们的批评和建议做出答复。同时，用人单位对职工提出的批评和建议应当区别对待，合理的应当采纳，不合理的应当给予解释，暂时不能解决的问题应当加以说明。如果用人单位主要负责人不接受批评监督，职工有权向用人单位的上级主管部门，负有职业安全、卫生监督管理职责的政府行政部门、监察机关以及工会组织等进行检举、控告，以便有关部门了解、掌握用人单位在安全生产和职业病防治工作中存在的问题，采取措施，制止和查处用人单位违反法律、法规的行为，防止生产安全事故和职业病危害事故的发生。

四、拒绝违章指挥、强令冒险作业的权利

《劳动法》第 56 条规定，劳动者对用人单位管理人员违章指挥、强令冒险作业有权拒绝执行。《安全生产法》第 51 条规定："从业人员有权对本单位安全生产工作中存在的问题提出批评、检举、控告；有权拒绝违章指挥和强令冒险作业。"《职业病防治法》第 40 条第 6 款规定："劳动者享有拒绝违章指挥和强令进行没有职业病防护措施的作业的权利。"

违章指挥、强令冒险作业是指用人单位的负责人、管理人员或者工程技术人员违反规章、制度和操作规程，或者在明知存在危险、有害因素又没有采取相应的防护措施，开始或继续作业会危及操作人员生命安全健康的情况下，忽视操作人员的安危，不顾操作人员的要求，强迫、命令其进行生产作业。这种行为会对操作人员的生命安全和身体健康构成严重威胁，是导致生产安全事故、造成人员伤亡的直接原因。因此，法律赋予职工拒绝违章指挥和强令冒险作业的权利，不仅是为了保护职工的人身安全，也是为了警示用人单位负责人和管理人员必须照章指挥，保证安全。

五、紧急情况处置权

《安全生产法》第52条第1款规定："从业人员发现直接危及人身安全的紧急情况时，有权停止作业或者在采取可能的应急措施后撤离作业场所。"这是在特定情况下，法律赋予从业人员采取特定措施的权利，目的是保护从业人员的人身安全。特定情况是"发现直接危及人身安全的紧急情况"，如果不撤离会对其生命安全和健康造成直接的威胁。

生产作业过程中，由于自然和人为危险因素的存在，不可避免地会出现一些意外的危及职工人身安全的危险情况，将会或者可能会对职工造成人身伤害。例如煤矿出现的透水、冒顶、片帮等情况，建筑施工中出现的坍塌、坠落等情况，危险化学品生产中出现的毒气泄漏外溢、火灾、爆炸等情况。此时如果作业人员不停止生产作业，紧急撤离作业现场，将会严重威胁他们的生命安全，造成重大伤亡事故。因此，法律赋予职工享有停止作业和紧急撤离的权利，目的是最大限度地保护现场作业人员的生命安全。用人单位不得因此做出对职工不利的处理。

职工在行使这项权利时，应当注意以下四个问题：

（1）危及职工安全的紧急情况必须有确实可靠的事实根据，凭借个人猜测或者误判而实际并没有构成对人身安全的威胁，这种情况下不可贸然停止生产作业。

（2）紧急情况必须是直接危及人身安全的情况，在间接或者可能危及人身安全的状况下，不应撤离作业现场，而应积极采取有效的处理措施。

（3）出现危及人身安全的紧急情况时，首先是停止作业，然后要采取可能的应急措施，采取应急措施无效时再撤离作业现场。

（4）该项权利不适用于某些从事特殊职业的职工，例如船舶驾驶人员、车辆驾驶人员等。根据有关法律、国际公约和职业惯例，在发生危及人身安全的紧急情况时，这些岗位的职工不能或者不能先行撤离岗位或者操作场所。

六、享有工伤保险和要求民事赔偿的权利

根据国际上各国认同的"无过错（过失）赔偿"原则，法律规定了职工享有工伤保险和伤亡赔偿的权利。只要依法确认职工为工伤，无论责任在谁，都由用人单位负责赔偿和补偿（实行工伤社会保险方式的，由用人单位缴纳保险费）。

《安全生产法》第53条规定："因生产安全事故受到损害的从业人员，除依法享有工伤保险外，依照有关民事法律尚有获得赔偿的权利的，有权向本单位提出赔偿要求。"本条规定的实质在于，受损害的从业人员所受的损害严重，工伤保险难以补偿其受到的全部损害，而依照民事法律仍有获得赔偿的权利。本条规定有两层含义：一是从业人员因生产安全事故受到损害的，依法享受工伤保险待遇（工伤保险待遇包括治疗工伤的医疗费用、康复费用，住院伙食补助费，到统筹地区以外就医的交通食宿费，安装配置伤残辅助器具所需费用等）；二是获得除工伤保险待遇以外的民事赔偿权利。用人单位为劳动者参加工伤保险，并不意味着绝对排除了其在劳动者遭受工伤时的民事赔偿责任。由于工伤保险待遇项目有确定的范围，超出范围的工伤保险基金不能报销，有的项目即便能够保险，但赔偿标准也不高，有时劳动者通过工伤保险并不能得到充分救济，这就需要劳动者通过向用人单位主张侵权损害赔偿获得救济。通常情况下，劳动者及其家属可以以侵权损害赔偿的名义，向用人单位主张民事赔偿权利。

《职业病防治法》第59条规定："职业病病人除依法享有工伤保险外，依照有关民事法律，尚有获得赔偿的权利的，有权向用人单位提出赔偿要求。"

法律赋予了职工享有工伤保险和获得伤亡赔偿的权利，职工在行使这项权利时应当明确以下四个问题：

（1）法律规定的这项权利，必须以劳动合同必要条款的书面形式加以确认。用人单位在劳动合同中没有依法载明有关保障职工劳动安全、防止职业危害的事项，或者免除、减轻其对职工因生产安全事故和职业病危害事故遭受伤害应承担的责任，是一种非法行

为，应当承担相应的法律责任。

（2）用人单位为职工缴纳工伤社会保险费和给予民事赔偿是其法定的义务，用人单位不得以任何形式免除各项义务，不得变相以抵押金、担保金等名义强制职工缴纳工伤社会保险费。

（3）发生生产安全事故或职业病危害事故后，职工首先依照劳动合同和工伤社会保险合同的约定，享有相应的赔付金。如果工伤保险不足以补偿受害者的人身损害及经济损失，依照有关民事法律应当给予赔偿的，职工或其亲属有要求用人单位给予赔偿的权利，用人单位必须履行相应的赔偿义务。否则，受害者或其亲属有向人民法院提起诉讼和申请强制执行的权利。

（4）职工获得工伤社会保险赔付和民事赔偿的金额标准、领取和支付程序，必须符合法律、法规和国家有关规定。职工和用人单位均不得自行确定标准，不得非法提高或者降低标准。

七、接受教育培训的权利

《安全生产法》第55条规定："从业人员应当接受安全生产教育和培训，掌握本职工作所需的安全生产知识，提高安全生产技能，增强事故预防和应急处理能力。"《职业病防治法》第40条第1款规定，劳动者享有"获得职业卫生教育、培训"的权利。

生产作业过程的复杂性和危险性，决定了职工接受安全生产和职业卫生教育培训的必要性。因此，法律赋予了职工享有接受教育培训、掌握保护自己和他人的安全健康所必需的知识与技能的权利。这项权利也是保证职工知情权和参与权的前提条件。

职工必须具备的职业安全卫生知识和技能主要包括：

（1）了解有关职业安全卫生法律、法规和标准，增强法制意识，特别是增强维权意识。

（2）掌握与本职工作有关的工作环境、生产过程、机械设备及危险物质等方面的安全生产和职业病防治的基本知识和技能。

（3）掌握符合安全生产和职业病防治要求的操作规程。

（4）学会正确佩戴和使用个人防护用品。

（5）掌握可能发生事故的应急处理措施和救援逃生方法。

八、获得职业病防治服务的权利

《职业病防治法》第40条第2款规定，劳动者享有"获得职业健康检查、职业病诊疗、康复等职业病防治服务"的权利。

对从事接触职业病危害作业的劳动者，用人单位应当按照国务院安全生产监督管理部门、卫生行政部门的规定组织上岗前、在岗期间和离岗时的职业健康检查，并将检查结果书面告知劳动者。职业健康检查费用由用人单位承担。

被诊断为患有职业病的劳动者，有依法享受国家规定的职业病待遇，接受治疗、康复和定期检查的权利。对不适宜继续从事原工作的职业病病人，用人单位应当将其调离原岗位，并妥善安置。用人单位对从事接触职业病危害作业的劳动者，应当给予岗位津贴。职业病病人的诊疗、康复费用，伤残以及丧失劳动能力的职业病病人的社会保障，按照国家有关工伤保险的规定执行。

九、提请劳动争议处理的权利

当劳动者的劳动安全卫生权益受到侵害，或者与用人单位因劳动安全卫生问题发生纠纷时，有向有关部门提请劳动争议处理的权利。《劳动法》第77条规定，用人单位与劳动者发生劳动争议，当事人可以依法申请调解、仲裁、提起诉讼，也可以协商解决。

劳动争议发生后，当事人可以向本单位劳动争议调解委员会申请调解；调解不成，当事人一方要求仲裁的，可以向劳动争议仲裁委员会申请仲裁。当事人一方也可以直接向劳动争议仲裁委员会申请仲裁。对仲裁裁决不服的，可以向人民法院提起诉讼。解决劳动争议，应当根据合法、公正、及时处理的原则，依法维护劳动争议当事人的合法权益。

第二节　职工的职业安全与卫生义务

法律在赋予职工权利的同时，也明确了相应的义务。职工在依法享有职业安全、卫生权利的同时，也应当履行相应的法律义务和承担一定的法律责任。从另一个角度来说，职工履行自己的义务，也是为了保障自己和他人的安全健康，实质上也是为了保障自己的安全健康权利。

一、遵守规章制度和操作规程的义务

《劳动法》第56条规定："劳动者在劳动过程中必须严格遵守安全操作规程。"《安全生产法》第54条规定："从业人员在作业过程中，应当严格遵守本单位的安全生产规章制度和操作规程，服从管理，正确佩戴和使用劳动防护用品。"《职业病防治法》第35条规定："劳动者应当遵守职业病防治法律、法规、规章和操作规程。"

安全生产和职业病防治规章制度是用人单位依照国家法律、法规、规章和标准要求，结合本单位的实际情况所制定的有关安全生产、职业病防治及劳动保护的具体规范。从这个意义上讲，遵守规章制度，实际上就是依法进行安全生产。由于规章制度是根据本单位实际情况而制定的，所以针对性和可操作性较强，对保障本单位的安全生产具有现实的意义。

操作规程是用人单位为保障生产安全、避免职业病危害，对具体操作技术和操作程序所制定的规程，是具体指导操作人员进行规范操作、标准作业的重要技术准则。操作规程是操作人员经验的总结，有些规定是经过血的教训，甚至是付出了生命的代价换来的，因此，它是使职工自己和他人免受伤害的护身法宝。职工不但自己必须严格遵守规章制度和操作规程，而且不允许任何人以任何借口违反它们。依照法律规定，职工违反安全生产和职业卫生规章制度和操作规程，用人单位可对其进行批评教育，并依照有关规章制度对其给予处分；造成重大事故，构成犯罪的，要依照刑法有关规定追究其刑事责任。

二、掌握安全、卫生知识和技能的义务

《安全生产法》第 55 条规定："从业人员应当接受安全生产教育和培训，掌握本职工作所需的安全生产知识，提高安全生产技能，增强事故预防和应急处理能力。"《职业病防治法》第 35 条规定："劳动者应当学习和掌握相关的职业卫生知识，增强职业病防范意识。"

掌握安全、卫生知识，提高操作技能和应急处理能力是职工的义务。生产经营活动的复杂性和多样性，决定了安全、卫生知识和安全操作技能的复杂性和多样性。特别是随着生产经营领域的不断扩大、高新技术装备的大量使用，更需要职工具备系统的安全、卫生知识和熟练的安全操作技能，以及对不安全因素和事故隐患、突发事故的处理能力和经验。因此，为了预防伤亡事故和职业病危害事故，职工必须具备相关的知识与技能。

职工安全意识和安全素质的提高，必须通过必要的安全教育培训。因此，有关法律规定了用人单位对职工进行劳动安全、卫生教育培训的责任。同时，法律也规定了职工有义务提高自身的安全、卫生素质，增强自我保护意识和遵章守纪的自觉性，提高操作技能和技术水平，为安全生产和职业病防治尽心尽力。

三、对事故隐患和职业危害及时报告的义务

《安全生产法》第 56 条规定："从业人员发现事故隐患或者其他不安全因素，应当立即向现场安全生产管理人员或者本单位负责人报告，接到报告的人员应当及时予以处理。"《职业病防治法》第 35 条规定："劳动者发现职业病危害事故隐患应当及时报告。"

由于职工承担着具体的操作任务，处于生产劳动的第一线，是事故隐患和职业病危害因素的第一当事人，因此，他们更容易发现事故隐患和其他不安全、不卫生的因素。如果职工尽职尽责，及时发现并报告事故隐患和危害因素，使得这些安全、卫生问题得到有效处理，就可以尽量避免伤亡事故和职业病的发生。许多生产安全

事故正是由于职工没有及时报告事故隐患和不安全因素，延误了采取措施进行紧急处理的时机，导致重大、特大事故的发生。因此，法律规定，职工一旦发现事故隐患和其他不安全因素，有义务立即向现场管理人员或者本单位负责人报告，不得隐瞒不报或者拖延报告；而且要求如实报告，既不能夸大事实，也不能大事化小。这对于用人单位及时采取必要的防范措施、消除事故隐患和职业危害，具有十分重要的意义。

报告事故隐患，重在及时，贵在及时。这就要求职工必须有高度的责任心，防微杜渐，将事故苗头消灭在萌芽状态。当然，也包括事故发生后，职工及时向本单位负责人报告事故情况，以便采取应急措施，避免事故的扩大。

四、正确佩戴和使用劳动防护用品的义务

《安全生产法》第 54 条规定："从业人员在作业过程中，应当正确佩戴和使用劳动防护用品。"《职业病防治法》第 35 条规定："劳动者应当正确使用、维护职业病防护设备和个人使用的职业病防护用品。"

为职工提供符合国家标准或者行业标准要求的劳动防护用品，并督促职工正确佩戴和使用，这是用人单位的责任；而正确佩戴和使用劳动防护用品，也是职工必须履行的法定义务。尽管用人单位在生产劳动过程中采取了安全卫生防护措施，但由于条件限制，仍会存在一些不安全、不卫生的因素，对职工的安全与健康构成威胁。因此，个人防护用品就成为保护职工安全和健康的一道重要防线。但实践中，由于一些职工缺乏安全卫生知识和自我保护意识，不按规定佩戴或者不能正确佩戴和使用劳动防护用品，发生伤害事故后造成了不必要的伤亡。例如，从事高处作业的人员不按规定佩戴安全帽或安全带，高处坠落后造成严重伤害；操作砂轮机的人员不按规定佩戴防护眼镜，砂轮破碎飞出后造成眼睛伤害等。

不同的劳动防护用品具有不同的佩戴方法和使用要求，如果职工不按要求正确佩戴和使用，就不能充分发挥防护用品应有的作用。因此，职工在作业过程中必须按照劳动防护用品的使用规则和

要求正确佩戴和使用。履行这项义务既是保护职工自身安全和健康的需要，也是实现安全生产、预防职业病的客观需要。

五、服从管理的义务

《安全生产法》第 54 条规定："从业人员在作业过程中，应当严格遵守本单位的安全生产规章制度和操作规程，服从管理。"

现代化生产系统性、关联性较强，影响安全生产的因素较多，需要统一的指挥和管理。为了保持良好的生产劳动秩序，用人单位的负责人和管理人员有权依照规章制度和操作规程进行安全管理，监督、检查职工遵章守规的情况。对于这样的管理，职工必须接受并服从。也就是说，职工应当服从符合规章制度和操作规程的、正确合理的管理，而对于管理人员的违章指挥、强令冒险作业，职工有权拒绝。

第三节　被派遣劳动者的职业安全与卫生权利义务

一、生产经营单位使用被派遣劳动者

近年来，一些地方出现了劳务派遣单位数量大幅增加、劳务派遣用工规模迅速扩大的情况。2011 年，根据有关部门的测算，全国被派遣劳动者人数达到 3 700 万人。被派遣劳动者数量剧增，他们的合法权益得不到有效保障，同工不同酬，不同保障待遇的问题比较突出，参与企业民主管理和参加工会组织等权利也得不到很好的落实。在此情况下，2012 年第十一届全国人大常委会第 27 次会议在严格限制劳务派遣用工岗位范围、切实维护被派遣劳动者享有与用工单位的劳动者同工同酬的权利等方面对《劳动合同法》进行了修改，以强调对被派遣劳动者权益的保护。

二、被派遣劳动者享有的权利和应当履行的义务

法律对用工单位使用被派遣劳动者做出特殊规定。《劳动合同法》第 62 条规定，"对于被派遣劳动者，用工单位应当履行下列义务：执行国家劳动标准，提供相应的劳动条件和劳动保护；告知被派遣劳动者的工作要求和劳动报酬；支付加班费、绩效奖金，提供与工作岗位相关的福利待遇；对在岗被派遣劳动者进行工作岗位所必需的培训；连续用工的，实行正常的工资调整机制。用工单位不得将被派遣劳动者再派遣到其他用人单位。"

《安全生产法》中的生产经营单位，属于劳动合同法中的用工单位，要履行《劳动合同法》规定的义务。《安全生产法》第58条规定："生产经营单位使用被派遣劳动者的，被派遣劳动者享有本法规定的从业人员的权利，并应当履行本法规定的从业人员的义务。"

被派遣劳动者享有的权利有：从业人员与生产经营单位订立劳动合同应当载明与从业人员劳动安全有关的事项，以及生产经营单位不得以协议免除或者减轻安全事故伤亡责任；从业人员对危险因素、防范措施及事故应急措施的知情权和建议权；对安全问题的批评、检举和控告权，并有权拒绝违章指挥和强令冒险作业；有权在发现直接危及人身安全的紧急情况时停止作业或者在采取相应的应急措施后撤离作业场所；享有因生产安全事故受到损害而获得赔偿的权利。

被派遣劳动者应履行的义务有：遵守安全生产法律法规以及规章制度，照章操作；接受安全生产培训；对事故隐患或者不安全因素进行报告等。

第四节　工会在职业安全与卫生方面的职责

关于工会在企业生产经营活动中的作用，《劳动法》《劳动合同法》《安全生产法》《职业病防治法》和《中华人民共和国工会法》（以下简称《工会法》）等法律均有相应的规定。

一、对建设项目的安全卫生设施进行监督、提出意见

《安全生产法》第57条第1款规定，工会有权对建设项目的安全设施的"三同时"进行监督、提出意见。《工会法》第23条规定："工会依照国家规定对新建、扩建企业和技术改造工程中的劳动条件和安全卫生设施与主体工程同时设计、同时施工、同时投产使用进行监督。"《职业病防治法》第 4 条第 2 款规定："工会组织依法对职业病防治工作进行监督，维护劳动者的合法权益。用人单位制定或者修改有关职业病防治的规章制度，应当听取工会组织的意见。"

由此可见，工会既可以在设计、施工阶段对建设项目的安全设施提出意见，也可以对投产前以及使用中的安全设施提出意见；既可以要求生产经营单位按照国家规定增加或者补建安全设施，也可以要求依法改善劳动条件，还可以建议停止施工、投产，待安全设施配套完成时再进行施工等。生产经营单位对工会提出的意见应当认真处理，对确有法律依据的应当按照工会的意见进行整改。对未按照工会的意见处理的，工会还可以向有关主管部门反映，或者向上一级工会反映，要求予以解决。工会的这种监督属于一种群众性监督。

二、纠正侵犯从业人员合法权益的行为

《安全生产法》第 57 条第 2 款规定，工会对生产经营单位违反安全生产法律、法规，侵犯从业人员合法权益的行为，有权要求纠正。

《职业病防治法》第 41 条第 2 款规定，工会组织对用人单位违反职业病防治法律、法规，侵犯劳动者合法权益的行为，有权要求纠正。

《工会法》第 25 条规定："工会有权对企业、事业单位侵犯职工合法权益的问题进行调查，有关单位应当予以协助。"

三、对生产中存在的安全卫生问题提出建议

《安全生产法》第 57 条第 2 款规定，工会发现生产经营单位违章指挥、强令工人冒险作业或者发现事故隐患时，有权提出解决的建议。生产经营单位应当及时研究工会的意见，不得推诿，并将处理结果通知工会。第 2 款同时规定，工会发现危及从业人员生命安全的情况时，有权向生产经营单位建议组织从业人员撤离危险场所，生产经营单位必须立即做出处理。

《职业病防治法》第 41 条第 1 款规定，工会组织应当督促并协助用人单位开展职业卫生宣传教育和培训，有权对用人单位的职业病防治工作提出意见和建议。第 2 款规定：产生严重职业病危害时，有权要求采取防护措施，或者向政府有关部门建议采取强制性措施；发现危及劳动者生命健康的情形时，有权向用人单位建议组织劳动者撤离危险现场，用人单位应当立即做出处理。

需要说明的是，要区分工会行使监督、纠正和建议三种权利的区别。监督和纠正比较好理解。而在行使建议权的时候，不能直接去制止或者组织撤离。这样规定，是考虑到生产经营活动具有专业性，生产经营单位一般在保障安全生产方面有一套完整的制度和流程，涉及生产的指挥和组织问题应当由生产经营单位自行决定，这样更有利于隐患和其他危险因素的消除。

四、依法参加事故调查处理

工会是工人阶级的群众组织，代表从业人员的利益，依法维护从业人员的合法权益。工会参与事故调查处理，是一项法定权利。《安全生产法》第 57 条第 3 款明确规定："工会有权依法参加生产安全事故调查，向有关部门提出处理意见，并要求追究有关人员的责任。"《职业病防治法》第 41 条第 2 款明确规定，发生职业病危害事故时，工会有权参与事故调查处理。工会依法参加事故调查，任何单位和个人都无权非法干涉。如果生产经营单位阻扰事故调查，情节严重的还应当承担相应的法律责任。

第五节　休息和休假权利

休息和休假是劳动者的基本权利，是劳动保护的重要内容。我国《宪法》《劳动法》对劳动者的工作时间和休息、休假制度作了具体明确的规定，这就使劳动者的工作时间和休息、休假制度以最高法律形式得到保障。

一、工作时间

工作时间是指法律、法规规定的劳动者应当从事劳动或工作的时间。工作时间为劳动者履行劳动义务的法定时间，劳动者只有在完成相应的工作时间的工作后，剩余时间才是劳动者的休息时间，劳动者才真正享有休息权和休假权。因此，工作时间的长短，直接影响到劳动者休息和休假权的实现。我国《劳动法》规定的工作时间，兼顾劳动者和用人单位双方的利益，在规定必要工作时间的基础上，为劳动者规定了较为充分的休息和休假时间，保障劳动者休息休假权的实现。

1. 国家标准工作时间

标准工作时间是指用人单位和劳动者通常情况下应当遵守的国家统一规定的工作时间。它包括两个方面的内容：一是劳动者每日工作时间，即劳动者在每昼夜（24 h）的劳动时数，又称标准工作日；二是劳动者每星期工作时间，即劳动者在每星期（7 日内）的工作时间，又称标准工作周。我国《劳动法》规定的标准工作时间，是采用日工作时间和周工作时间相结合的办法。《劳动法》第36 条规定："国家实行劳动者每日工作时间不超过八小时、平均每周工作时间不超过四十四小时的工时制度。"国务院根据《劳动法》制定的《国务院关于职工工作时间的规定》，对于标准工作时间作了进一步规定。第3 条规定："职工每日工作八小时、每周工作四十小时。"此规定即为我国劳动者标准工作时间的规定，一般用人单位和劳动者都应遵守该标准工作时间的规定。有些企业因工作性质或者生产特点的限制，不能实行每日工作 8 h、每周工作 40 h 标准工时制度的，按照国家有关规定，可以实行其他工作和休息办法。但也要执行《劳动法》和《国务院关于职工工作时间的规定》，保证劳动者每周工作时间不超过 40 h，每周至少休息 1 天。

2. 缩短工作时间

缩短工作时间是指对于某些特殊的工种或工作，根据法律、法规规定，采用低于标准工作时间的工作时间。原劳动部《贯彻〈国务院关于职工工作时间的规定〉的实施办法》规定："在特殊条件下从事劳动和有特殊情况，需要在每周工作四十小时的基础上再适当缩短工作时间的，应在保证完成生产和工作任务的前提下，根据

《中华人民共和国劳动法》第 36 条的规定，由企业根据实际情况决定。"目前我国劳动法规规定实行缩短工作时间主要包括以下几种情况：

（1）某些特定的工作岗位。如从事矿山井下作业，高山作业，严重有毒、有害作业，特别繁重和过度紧张的体力劳动的职工，每日工作时间应当低于 8 h。

（2）从事夜班劳动。实行三班制的企业，从事夜班工作的时间可以比白班少 1 h。

（3）未成年工的日工作时间应当低于 8 h。

（4）哺乳未满一周岁婴儿的女职工，在每日工作时间内可以有两次哺乳时间，每次 30 min。

3. 计件工作时间

计件工作时间又称计件工作日，是劳动者以完成一定劳动定额为计酬标准的工作时间制度，是标准工作时间的一种特殊表现形式。《劳动法》第 37 条规定："对实行计件工作的劳动者，用人单位根据本法第 36 条规定的工时制度合理确定其劳动定额和计件报酬标准。"

对于实行计件工时制度的单位，关键是根据国家规定的标准工作时间，合理确定劳动定额。应当以职工在一个标准工作日或标准工作周的工作时间内能够完成的计件数量为标准，超过这个标准就等于延长了工作时间。

对实行计件工作的劳动者来说，当用人单位合理地确定了劳动定额和计件报酬标准后，则可以保证劳动者享受缩短工时的待遇，即当完成了当日或当月的定额后，可以把剩余时间作为休息时间，也可以超过定额以取得相应的额外报酬。

4. 不定时工作制和综合计算工作制

根据《劳动法》的规定，企业因生产特点不能实行标准工作时间的，经劳动行政部门批准，可以实行其他工作和休息办法。《国务院关于职工工作时间的规定》第 5 条规定："因工作性质或者生产特点的限制，不能实行每日工作八小时、每周工作四十小时标准工时制度的，按照国家有关规定，可以实行其他工作和休息办法。"目前，"其他工作时间和休息办法"主要有不定时工作制和综合计算工时工作制两种形式。

（1）不定时工作制。不定时工作制是针对因生产特点、工作特殊需要或职责范围的关系，无法按标准工作时间衡量或需要机动作业的劳动者所采取的一种工时制度。原劳动部《关于企业实行不定时工作制和综合计算工时工作制的审批办法》对不定时工作制作了具体规定。

根据该办法的规定，实行不定时工作制的人员主要是：企业中的高级管理人员、外勤人员、部分值班人员和其他因工作无法按标准工作时间衡量的职工；企业中的长途运输人员、出租汽车司机和铁路、港口、仓库的部分装卸人员，以及因工作性质特殊，需要机动作业的职工；其他因生产特点、工作特殊需要或者职责范围的关系，适合实行不定时工作制的职工。

鉴于每个企业的情况不同，企业可根据具体情况确定实行不定时工作制的范围，经相关行政部门批准后实施。经批准实行不定时工作制的职工，不受《劳动法》第41条规定的延长工作时间时数的限制，但用人单位应当根据标准工时制度合理确定其劳动定额或其他考核标准，并采用弹性工作时间等适当方式和休息方式，确保职工的休息休假权和生产、工作任务的完成。

（2）综合计算工时工作制。综合计算工时工作制是针对因工作性质特殊，需要连续作业或受季节及自然条件限制的企业的部分职工，采用的以周、月、季、年为周期综合计算工作时间的一种工时制度。实行综合计算工时工作制的范围是：交通、铁路、邮电、水运、航空、渔业等行业中因工作性质特殊，需要连续作业的职工；地质及资源勘探、建筑、制盐、制糖、旅游等受季节和自然条件限制的行业的部分职工；其他适合实行综合计算工时工作制的职工。

综合计算工时工作制，虽然以周、月、季、年为周期综合计算工作时间，但其平均日工作时间和周工作时间应与法定标准工作时间基本相同。

对于实行综合计算工时工作制的企业，应当与工会和职工协商，采取适当方式，如集中工作、集中休息、轮休调休、弹性工作时间等，确保职工的休息休假权和生产、工作任务的完成。

二、休息、休假时间

休息、休假时间是劳动者在工作时间以外，依照法律、法规的规定不从事生产和工作，而由个人自行支配的时间。劳动者的休息、休假时间是相对于工作时间而言的，是劳动者的一项基本权利。

我国《劳动法》规定的休息和休假时间，充分体现了对劳动者休息休假权的保障，是劳动者休息休假权的重要内容。根据劳动法律、法规的规定，目前我国的休息休假制度主要包括以下类型：

1. 工作间歇休息

工作日内的休息时间是指职工在一个工作日内享有的休息时间。在一个工作日内，劳动者的工作时间为 8 h，但是，这 8 h 的工作并非完全连续的，劳动者享有工间休息和用膳时间。午休和用膳时间根据工作性质不同而有所不同，一般不能少于 0.5 h。

2. 日休息

日休息是指劳动者在每昼夜（24 h）内，除工作时间以外，由自己支配的时间。劳动者在完成一个工作日的工作时间到下一个工作日工作开始时间，属于劳动者的休息时间。劳动者每日工作时间不超过 8 h，在昼夜 24 h 内，除了最多 8 h 用于工作外，劳动者至少可以有 16 h 属于休息时间，由个人支配。用人单位一般不得安排劳动者连续从事两个以上的工作日工作，在每个工作日之间，应当保证劳动者有充分的休息时间，以恢复体力和劳动能力，保护劳动者的身心健康。

3. 周休息

周休息又称公休假日，是指劳动者在一周内享有的、连续休息时间在 1 天（24 h）以上的休息时间。《劳动法》第 38 条规定："用人单位应当保证劳动者每周至少休息一日。"《国务院关于职工工作时间的规定》第 7 条规定："国家机关、事业单位实行统一的工作时间，星期六和星期日为周休息日。企业和不能实行前款规定的统一工作时间的事业单位，可以根据实际情况灵活安排周休息日。"根据上述规定，每周公休假日的时间为 2 天，一般应安排在周六和周日。但是，企业和其他不适宜安排在周六、周日休息的单位，可以根据工作性质和生产特点安排公休时间。

4. 法定节假日

法定节假日是根据国家、民族的传统习俗而由法律规定的节日实行的休假。用人单位在下列节日期间应当依法安排劳动者休假：新年，放假 1 天；春节，放假 3 天；清明节，放假 1 天；劳动节，放假 1 天；端午节，放假 1 天；中秋节，放假 1 天；国庆节，放假 3 天。

5. 年休假

年休假是指职工每年享有保留职务和工资的一定期限连续休息的假期，休假时间根据工龄或工作年限长短而定。《职工带薪年休假条例》第 2 条规定了机关、团体、企业、事业单位、民办非企业单位、有雇工的个体工商户等单位的职工连续工作 1 年以上的，享受带薪年休假（以下简称年休假）。单位应当保证职工享受年休假。职工在年休假期间享受与正常工作期间相同的工资收入。

《职工带薪年休假条例》第 3 条规定了职工累计工作已满 1 年不满 10 年的，年休假 5 天；已满 10 年不满 20 年的，年休假 10 天；已满 20 年的，年休假 15 天。国家法定休假日、休息日不计入年休假的假期。

6. 探亲假

（1）探亲假的内容。探亲假是指职工工作地点与父母或配偶居住地不属同一城市而分居两地时，每年所享受的一定期限的探望父母或配偶的假期。《国务院关于职工探亲的规定》对探亲假的内容作了规定：凡在国家机关、人民团体和全民所有制企业、事业单位工作满 1 年的固定职工，与配偶不在一起，又不能在公休假日团聚的，可以享受探望配偶的待遇；与父母不在一起，又不能在公休假日团聚的，可以享受探望父母的待遇。

（2）职工探亲的期限。探望配偶每年双方中给予一方探亲假一次，假期 30 天。未婚职工探望父母，原则上每年一次，假期 20 天；如因工作需要或职工自愿两年休假一次的，可两年休假一次，假期为 45 天。已婚职工探望父母，每 4 年一次，假期为 20 天。以上假期，根据需要可另增一定期限的路程假。实行特殊假的单位，如有假期的学校、试行年休假的单位等，应在休假期间探亲，不足使用时，可补足法定探亲假时间。探亲假包括公休假日及法定节假日的，不再另补。

7．其他假期

除了上述假期外，依规定还有女职工产假、职工婚丧假等。

三、加班加点

延长工作时间，又称加班加点。所谓加班，是指劳动者按照用人单位的要求，在法定节日或公休假日从事生产或工作；所谓加点，是指劳动者按照用人单位的要求，在正常工作日以外继续从事生产或工作。加班加点使劳动者每个工作日的工作时数和每周的工作日数超过法律、法规规定的最高限制的工作日时数和工作周日数，影响了劳动者的休息，不利于其身体健康。因此，国家对用人单位加班加点进行严格限制。

1．对加班加点的基本规定

加班加点虽然属于延长工作时间，以工作时间挤占了劳动者的休息时间，但是，在法律上加班加点并非都属于违法行为。《劳动法》立法上在充分保护劳动者的休息和休假权的基础上，也考虑到用人单位生产经营的实际情况，允许在正常的工作时间外，在符合法律规定的条件和程序下，适当延长劳动者的工作时间。

（1）加班加点的条件。《劳动法》第 41 条规定，用人单位加班加点应当符合下列条件：

1）企业生产经营需要延长工作时间。主要是指紧急生产任务，如果不按期完成，会影响到企业的经济效益和劳动者的收入，在这种情况下，才可以延长工作时间。

2）必须符合法定程序。用人单位安排延长工作时间，必须事先与工会和劳动者协商，在征得工会和劳动者同意的情况下，才能延长工作时间，不得强迫职工加班加点。

3）时间限制。加班加点的时间必须符合《劳动法》规定的标准，即每日延长的工作时间不得超过 1 h；因特殊原因需要延长工作时间的，在保障劳动者身体健康的条件下，延长工作时间每日不得超过 3 h，每月累计不得超过 36 h。

（2）例外情况。有下列情形之一时，延长工作时间不受《劳动法》第 41 条的规定的限制：

1）发生自然灾害、事故或者其他原因，威胁劳动者生命健康和财产安全，需要紧急处理的。

2）生产设备、交通运输线路、公共设施发生故障，影响生产和公众利益，必须及时抢修的。

3）法律、行政法规规定的其他情形。主要有这样两种情况：一是必须利用法定节日或公休假日停产期间进行设备检修、保养的；二是为完成国防紧急任务，或者完成上级在国家计划外安排的其他紧急生产任务，以及商业、供销企业在旺季完成收购、运输、加工农副产品紧急任务的。

以上几种情形，或者具有救灾、抢险、保证国家财产和人身安全的性质，或者是为了保证大多数劳动者生活的需要，用人单位可以延长工作时间，且没有时间的限制，也没有与工会或劳动者协商程序的限制，用人单位可根据实际情况安排延长工作时间。

2. 加班、加点的工资报酬

无论在哪种情况下延长工作时间，用人单位都应按照《劳动法》的有关规定，付给劳动者相应的工资报酬。具体规定如下：

（1）安排劳动者延长工作时间的，支付不低于工资的 150% 的工资报酬。

（2）休息日安排劳动者加班又不能安排补休的，支付不低于工资的 200% 的工资报酬。

（3）法定休假日安排劳动者工作的，支付不低于工资的 300% 的工资报酬，一般不安排补休。

实行计件工资的劳动者，在完成计件定额任务后，由用人单位安排延长工作时间的，应根据上述规定的原则，分别按照不低于其本人法定工作时间计件单价的150％、200％、300％支付其工资。

3．非法加班、加点

在符合法律规定的条件和程序下，适当延长劳动者的工作时间是允许的。因此，不能认为凡是用人单位安排职工加班、加点的行为都是侵害劳动者休息、休假权的行为，只有非法安排劳动者加班、加点的行为，才构成侵害劳动者休息、休假权的侵权行为。

非法加班、加点是指用人单位违反《劳动法》有关加班、加点的规定，安排职工在休息时间或者休假日内从事劳动或者工作的行为。非法加班、加点，主要包括以下几种情况：

（1）对法律禁止安排加班、加点的劳动者安排其加班、加点。为了保护未成年工的身体正常发育生长，防止过度的劳动损害其身心健康，考虑到未成年工的实际情况，《劳动法》禁止安排未成年工加班、加点。另外，为了保护怀孕、哺乳婴儿的女职工的身体健康和对下一代人的保护，《劳动法》也禁止安排怀孕女职工和哺乳未满周岁婴儿的女职工加班、加点。用人单位安排上述法律禁止安排加班、加点的劳动者参加加班、加点的，属于非法安排加班、加点的行为，劳动者有权拒绝。对劳动者造成损害的，用人单位应当承担赔偿责任。

（2）违反法定程序安排职工加班、加点。用人单位由于生产经营的需要，安排职工加班、加点，应当符合法律规定的程序。根据《劳动法》的有关规定，其法定的程序主要是应当与工会和劳动者协商，即加班、加点应当是在征得工会和劳动者同意的情况下方为合法。用人单位不能违背劳动者的意愿，单方决定或安排职工加班、加点，更不允许强迫职工加班、加点。

（3）违反法定的延长时间限度加班、加点。《劳动法》对于用人单位经与工会或劳动者协商安排的加班、加点，有最高延长工作时间的限制，不允许无限制地延长工作时间。对于延长工作时间的限制，《劳动法》的规定主要是：保证工作日内延长工作时间，每日一般不超过 1 h，特殊情况下最长不超过 3 h；每月累计不得超过 36 h。超过此规定延长工作时间，属于非法的加班、加点。

四、侵害休息和休假权的行为

侵害休息和休假权，是指用人单位违反法律规定，在劳动者的休息、休假时间内安排劳动者从事工作或劳动，侵害劳动者休息、休假权的行为。侵害休息、休假权的行为有以下几种：

1. 非法安排劳动者加班、加点

工作时间制度是保护劳动者健康和保障安全生产的重要制度，具有强制性。用人单位安排劳动者加班、加点，必须符合法律规定的条件和程序。

（1）未经与工会或者劳动者协商，用人单位单方安排加班、加点。实践中，一些用人单位往往不遵守加班、加点的法定程序，单方决定或者安排职工加班、加点，对于不服从安排的职工，则视为违反劳动纪律给予处分或者其他制裁。用人单位违反法定程序安排职工加班、加点，是对劳动者休假权的侵犯，劳动者有权拒绝其非法加班、加点的要求。

（2）超过法定的最高延长工作时间限度。这是指用人单位在安排加班、加点时，延长的工作时间超过法律允许的限度，侵害职工休息、休假权的行为。

（3）变相延长工作时间，侵害劳动者休息权。所谓变相延长工作时间，是指用人单位通过提高劳动定额等方式，变相延长工作时间，侵害劳动者休息权的行为。根据《劳动法》规定，对实行计件工作的劳动者，用人单位应当根据标准工时制度合理确定劳动者的劳动定额和计件报酬标准，不得通过提高劳动定额等方式变相延长工作时间或者降低工人工资。用人单位通过提高劳动定额，使劳动者在正常工作时间内无法完成劳动定额，而不得不延长工作时间，属于变相延长工作时间，侵害劳动者休息权的违法行为。

根据《劳动法》规定，用人单位有权确定和调整劳动定额。在正常情况下，随着工人劳动技能和劳动熟练程度的提高，用人单位适当提高劳动定额是允许的。但是，用人单位无论是确定劳动定

额，还是调整劳动定额，都必须根据劳动者的平均劳动熟练程度在标准工作时间内确定，即劳动定额应当是多数职工在标准工作时间内能够完成的。如果一般职工在标准工作时间内无法完成，其劳动定额则属于不合理的劳动定额，用人单位应当做出适当调整。

2. 不按规定安排职工休息和休假

职工依法享有休息和休假权，但是职工的休息和休假权的实现，往往需要用人单位根据其具体情况做出适当的安排。通常情况下，劳动者的休息和休假需要单位的同意或者批准，经单位做出合理安排后，劳动者才能休息和休假。劳动者不能因自己享有休息和休假权而自行安排休假。劳动者在符合法律、法规有关休息和休假的规定，提出休息和休假的要求时，用人单位应当为劳动者安排休息和休假，拒不安排休息和休假的，属于侵犯职工休息和休假权的行为。

3. 擅自决定实行其他工时制度

用人单位由于生产特点或者工作性质不能执行标准工时制度的，可以实行不定时工作制或综合计算工时工作制。但是，实行非标准工时制度，必须符合法律规定的条件，并依法经过有关部门的批准，用人单位不得自行确定执行非标准工时制度，更不得利用非标准工时制度逃避国家有关工作时间的限制。用人单位自行确定执行非标准工时制度，属于违法行为，应当依法予以纠正。

五、侵害休息和休假权的赔偿责任

侵害劳动者休息和休假权的赔偿责任，是指用人单位非法延长劳动者工作时间或者实施其他违法行为所应承担的赔偿责任。侵害劳动者休息和休假权的赔偿责任，《劳动法》并没有具体的规定。从侵害劳动者休息和休假权的后果来看，其赔偿责任形式一般包括：停止侵权行为，支付加班、加点的劳动报酬，赔偿劳动者的损失等。

1. 停止侵权行为

停止侵权行为是指要求用人单位停止其侵害劳动者休息和休假权的侵权行为。在实践中，停止侵权行为，根据其侵权行为的不同形式，表现形式也有所不同。如对于非法安排职工连续加班、加点的，要求其停止有关加班、加点的安排；对于职工依法申请休假不予安排或者不予批准的，要求其安排或批准职工休假；对于因职工拒绝加班、加点而给予职工处分或处罚的，要求纠正其处分或处罚等。

劳动者的休息和休假权，在《劳动法》中不仅体现在劳动者休息时间总数的规定上，也体现在工作时间与休息时间的间隔规定上。如标准工时规定的每天 8 h、每周 40 h，不仅要求用人单位保证劳动者每天工作时间不超过 8 h，每周工作时间不超过 40 h，而且要求在工作时间的安排上应当有间隔：每个工作日之间必须有间隔，不能将两个工作日的工作时间安排在一起；每周的工作时间也应当有中间的休息日间隔，一般情况下不允许工作时间连续安排。

2. 支付加班、加点的劳动报酬

加班、加点的劳动报酬，即延长工作时间的劳动报酬，是劳动者在延长劳动时间内为用人单位提供超时劳动应获得的劳动报酬。《劳动法》为了保护劳动者的利益，对于延长工作时间的劳动报酬，规定了比正常工作时间工资报酬更高的标准。根据《劳动法》第44 条规定，加班、加点的劳动报酬分为三种情况：工作日内延长工作时间，支付不低于工资 150% 的劳动报酬；休息日安排劳动者加班又不能补休的，支付不低于工资 200% 的劳动报酬；法定节假日安排劳动者加班的，支付不低于工资 300% 的劳动报酬。

应当明确的是，《劳动法》规定的加班、加点的劳动报酬，适用于两种情况下的加班、加点，即合法的加班、加点和非法安排的加班、加点。合法的加班、加点，用人单位支付加班、加点的劳动报酬，是用人单位依法对劳动者所承担的义务，不属于赔偿责任的内容。非法安排的加班、加点，用人单位支付加班、加点的劳动报酬，是其依法所承担的赔偿责任。这里作为侵害劳动者休息和休假权赔偿责任的一种形式，就是指的非法安排职工加班、加点应当支付的劳动报酬。

3. 赔偿劳动者的损失

赔偿劳动者的损失，是指用人单位侵害劳动者休息和休假权，造成劳动者身体健康损害或者其他损失时，应承担的赔偿责任。侵害劳动者的休息和休假权，在某些情况下会直接造成劳动者身体健康的损害，如连续加班造成劳动者患病等。这种情况下，用人单位应当承担其侵权行为给劳动者所造成的全部损失。

第六节　工伤保险权益

一、工伤保险的概念

工伤保险是指国家和社会通过立法，为在生产、工作中或在规定的某些特殊情况下遭受意外事故伤害或职业病伤害的劳动者，提供医疗服务、生活保障、经济补偿和职业康复，为因受上述职业伤害而死亡的劳动者的供养亲属提供遗属抚恤等物质帮助的社会保险制度。其补偿内容既包括受到伤害的职工医疗、康复的费用，也包括生活保障所需的物质帮助。工伤保险是社会保险制度的重要组成部分，对于维护劳动者基本权益，保持社会稳定，促进经济发展与社会进步都具有十分重要的意义。

二、工伤保险的基本原则

1. 采取无过失责任原则

所谓无过失责任，是指劳动者在各种伤害事故中只要不是受害者本人故意行为所致，就应该按照规定标准对其进行伤害赔偿。只要事故发生，不论雇主或雇员是否存在过错，无论责任在谁，原则上受害者都可以受到赔偿，即无过错赔偿。但不追究个人的责任，并不意味着不追究事故责任，相反，对于发生的事故必须认真调查，分析事故原因，查明事故责任，吸取教训。

2. 严格区别工伤和非工伤

意外事故实行无过失责任原则并不意味着取消因工和非因工的界定，否则工伤保险就毫无意义。劳动者受伤害，一般可以分为因工和非因工两类。前者是因执行公务或在工作生产过程中，为社会或集体奉献而受到的职业伤害所致，与工作和职业有直接关系；后者则与职业无关，完全是个人行为所致。严格区分因工和非因工界限，明确因工伤事故发生的费用，应由工伤保险基金来承担，而且医疗康复待遇、伤残待遇和死亡抚恤待遇均比因疾病和非因工伤亡社会保险待遇优厚。这样做有利于对那些为国家或集体奉献者进行褒扬抚恤，也有利于生产发展和社会财富的积累。

3. 预防、补偿和康复相结合的原则

为保障工伤职工的合法权益，维护、增进和恢复劳动者的身体健康，必须把单纯的经济补偿和医疗康复以及工伤预防有机结合起来。工伤保险最直接的任务是经济补偿，保障伤残职工和遗属的基本生活；同时要做好事故预防和医疗康复，保障职工的安全与健康。但从长远看，预防、补偿、康复三者结合起来，形成一条龙的社会化服务体系，是我国工伤保险发展的必然趋势。这样做有利于安全生产和事故防范，减少工伤事故和职业病的发生，能够获得最大的社会效益。

4. 劳动者个人不缴费原则

指无论是直接支付保险待遇或者缴费投保，全部费用由用人单位负担，劳动者个人不缴费。

5. 强制实施的原则

强制实施的原则是指由国家通过立法手段强制工伤保险制度的实行，对于不按法律规定参加工伤保险的用人单位，对于不按法定的项目、标准和方式支付待遇、不按法定的标准和时间缴纳保险费的行为，要依法追究法律责任。

三、工伤认定

1. 认定工伤

《工伤保险条例》第14条规定，职工有下列情形之一的，应当认定为工伤：

（1）在工作时间和工作场所内，因工作原因受到事故伤害的。"工作时间"和"工作场所"是两个必须同时具备的条件，同时还得是"因工作原因"而负伤、致残或者死亡。事故伤害是指职工在劳动过程中发生的人身伤害、急性中毒等类似事故伤害。

（2）工作时间前后在工作场所内，从事与工作有关的预备性或者收尾性工作受到事故伤害的。职工为完成工作，在工作时间前后，有时需要做一些与工作有关的预备性或者收尾性工作。这段时间虽然不是职工的工作时间，但是，在这段时间内从事的预备性或者收尾性工作，是与工作有直接关系的，因此，《工伤保险条例》规定这种情形也应认定为工伤。所谓"预备性工作"，是指在工作前的一段合理时间内，从事与工作有关的准备工作，诸如运输、备料、准备工具等。例如，甲职工在开始工作前来到单位，按照惯例对其工作时使用的机器进行调试，甲职工调试机器的行为，就属于预备性工作。如果甲职工在调试机器的过程中不慎将手指搅断，其所受到的伤害，应认定为工伤。所谓"收尾性工作"，是指在工作后的一段合理时间内，从事与工作有关的收尾工作，诸如清理、安全储存、收拾工具和衣物等。例如，工作结束后，某职工将工作时使用的工具收进仓库，在收拾工具的过程中不慎被工具砸伤，由于收拾工具的行为属于收尾性工作，故该职工在收拾工具的过程中受到的伤害，应认定为工伤。

（3）在工作时间和工作场所内，因履行工作职责受到暴力等意外伤害的。"工作时间"和"工作场所"必须同时具备，并且必须是在履行本职工作；受到的伤害是"非工作原因"，是来自本单位或者外界的"暴力、意外"等所致。例如，有人在职工履行工作职责的时候蓄意对职工进行打击报复，对其人身进行直接攻击，致使职工负伤、致残或者死亡等。

（4）患职业病的。根据《职业病防治法》的规定，职业病是指企业、事业单位和个体经济组织等用人单位的劳动者在职业活动中，因接触粉尘、放射性物质和其他有毒、有害因素而引起的疾病。关于职业病详见"职业病确诊和待遇"一节。

（5）因工外出期间，由于工作原因受到伤害或者发生事故下落不明。实际工作中，职工除了在本单位内工作外，由于工作需要，有时还必须到本单位以外去工作，这时如果职工由于工作原因受到事故伤害，按照工伤保险的基本精神，也应该认定为工伤。同时，考虑到职工因工外出期间，如果遇到事故下落不明的，很难确定职工是在事故中死亡了，还是由于事故暂时无法与单位取得联系。本着尽量维护职工合法权益的基本精神，《工伤保险条例》规定，只要是在因工外出期间发生事故造成职工下落不明的，就应该认定为工伤。这里的"因工外出"，是指职工不在本单位的工作范围内，由于工作需要被领导指派到本单位以外工作，或者为了更好地完成工作，自己到本单位以外从事与本职工作有关的工作。这里的"外出"包括两层含义：一是指到本单位以外，但是还在本地范围内；二是指不仅离开了本单位，而且到外地去了。"由于工作原因受到伤害"，是指由于工作原因直接或间接受到的伤害，包括事故伤害、暴力伤害和其他形式的伤害。这里的"事故"，包括安全事故、意外事故以及自然灾害等各种形式的事故。

（6）在上下班途中，受到非本人主要责任的交通事故或者城市轨道交通、客运轮渡、火车事故伤害的。

1）这里的"上下班途中"，包括职工按正常工作时间上下班的途中，以及职工加班加点后上下班的途中。例如，按规定职工上午8时上班，职工在8时前来到单位的途中，应属于上班的途中；如果职工应该17时下班，但是由于单位安排加班，职工18时才从单位走，那么职工在18时后从单位回到家的途中，也应属于下班途中。

2）扩大了上下班途中的工伤认定范围，将上下班途中的机动车和非机动车事故伤害，以及城市轨道交通、客运轮渡、火车事故伤害都纳入了工伤认定范围。这一条款应从两个方面理解：一方面，职工在上下班途中，无论是驾驶机动车发生事故造成自身伤害的，还是没有驾驶机动车而被机动车撞伤的，都应该认定为工伤；另一方面，职工在上下班途中无论是受到机动车和非机动车事故伤害，还是受到城市轨道交通、客运轮渡、火车事故伤害，都应该认定为工伤。

3）《工伤保险条例》对事故作了"非本人主要责任"的限定。

上下班途中"非本人主要责任"的交通事故伤害才能认定为工伤；对上下班途中本人承担主要责任的交通事故，如无证驾驶、酒后驾车等行为造成本人伤亡的，不纳入工伤的范围。

（7）法律、行政法规规定应当认定为工伤的其他情形。这是一条法律上的兜底条款规定，由于工伤事故的复杂性和不确定性，不仅需要专门的法律、行政法规做出规范性强制性规定，也需要其他法律法规做出相应调整。对于法律、行政法规规定为工伤的其他情形，也应当纳入本条例调整的工伤范畴中。

2. 视同工伤

《工伤保险条例》第 15 条规定，职工有下列情形之一的，视同工伤：

（1）在工作时间和工作岗位，突发疾病死亡或者在 48 h 之内经抢救无效死亡的。这里所称的"工作时间"，是指法律规定的或者单位要求职工工作的时间，包括加班加点时间。这里所称的"工作岗位"，是指职工日常所在的工作岗位和本单位领导指派其所从事工作的岗位。例如，清洁工人负责的清洁区域范围内都属于该工人的工作岗位。这里的"突发疾病"，是指上班期间突然发生的任何种类的疾病，一般多为心脏病、脑出血、心肌梗死等突发性疾病。根据《工伤保险条例》规定，职工在工作时间和工作岗位突发疾病当场死亡的，以及职工在工作时间和工作岗位突发疾病后没有当时死亡，但在 48 h 之内经抢救无效死亡的，应当视同工伤。

（2）在抢险救灾等维护国家利益、公共利益活动中受到伤害的。"维护国家利益"是指为了减少或者避免国家利益遭受损失，职工挺身而出。"维护公共利益"是指为了减少或者避免公共利益遭受损失，职工挺身而出。为了帮助广大职工和劳动保障行政部门从事工伤认定的人员更好地理解和掌握哪种情形属于维护国家利益和维护公共利益，《工伤保险条例》列举了抢险救灾这种情形，凡是与抢险救灾性质类似的行为，都应当认定为属于维护国家利益和维护公共利益的行为。需要强调的是，在这种情形下，没有工作时间、工作地点、工作原因等要素要求。例如，某单位职工在过铁路道口时，看到在道口附近有个小孩正牵着一头牛过铁路，这时，前方恰好有一辆满载旅客的列车驶来，该职工赶紧过去将牛牵走并将小孩推出铁道，列车安全地通过了，可该职工却因来不及跑开，被列车撞成重伤。该职工的这种行为，就应属于维护国家利益和公共利益的行为。

（3）职工原在军队服役，因战、因公负伤致残，已取得革命伤残军人证，到用人单位后旧伤复发的。

职工有前款第（1）项、第（2）项情形的，按照本条例的有关规定享受工伤保险待遇；职工有前款第（3）项情形的，按照本条例的有关规定享受除一次性伤残补助金以外的工伤保险待遇。

3. 不认定为工伤或者视同工伤

《工伤保险条例》第 16 条规定，职工符合本条例第 14 条、第 15 条的规定，但是有下列情形之一的，不得认定为工伤或者视同工伤：

（1）故意犯罪的。

（2）醉酒或者吸毒的。

（3）自残或者自杀的。

4. 工伤认定申请时限

职工发生事故伤害或者按照职业病防治法规定被诊断、鉴定为职业病，所在单位应当自事故伤害发生之日或者被诊断、鉴定为职业病之日起 30 日内，向统筹地区社会保险行政部门提出工伤认定申请。遇有特殊情况，经报社会保险行政部门同意，申请时限可以适当延长。

用人单位未按前款规定提出工伤认定申请的，工伤职工或者其近亲属、工会组织在事故伤害发生之日或者被诊断、鉴定为职业病之日起 1 年内，可以直接向用人单位所在地统筹地区社会保险行政部门提出工伤认定申请。

按照《工伤保险条例》第 17 条第 1 款规定，应当由省级社会保险行政部门进行工伤认定的事项，根据属地原则由用人单位所在地的设区的市级社会保险行政部门办理。

用人单位未在第 17 条第 1 款规定的时限内提交工伤认定申请，在此期间发生符合本条例规定的工伤待遇等有关费用，由该用人单位负担。

5. 工伤认定申请应当提交的材料

提出工伤认定申请应当提交下列材料：

（1）工伤认定申请表。

（2）与用人单位存在劳动关系（包括事实劳动关系）的证明材料。

（3）医疗诊断证明或者职业病诊断证明书（或者职业病诊断鉴定书）。

工伤认定申请表应当包括事故发生的时间、地点、原因以及职工伤害程度等基本情况。工伤认定申请人提供材料不完整的，社会保险行政部门应当一次性书面告知工伤认定申请人需要补正的全部材料。申请人按照书面告知要求补正材料后，社会保险行政部门应当受理。社会保险行政部门受理工伤认定申请后，根据审核需要可以对事故伤害进行调查核实，用人单位、职工、工会组织、医疗机构以及有关部门应当予以协助。职业病诊断和诊断争议的鉴定，依照职业病防治法的有关规定执行。对依法取得职业病诊断证明书或者职业病诊断鉴定书的，社会保险行政部门不再进行调查核实。

职工或者其近亲属认为是工伤，用人单位不认为是工伤的，由用人单位承担举证责任。

社会保险行政部门应当自受理工伤认定申请之日起 60 日内做出工伤认定的决定，并书面通知申请工伤认定的职工或者其近亲属和该职工所在单位。社会保险行政部门对受理的事实清楚、权利义务明确的工伤认定申请，应当在 15 日内做出工伤认定的决定。做出工伤认定决定需要以司法机关或者有关行政主管部门的结论为依据的，在司法机关或者有关行政主管部门尚未做出结论期间，做出工伤认定决定的时限中止。社会保险行政部门工作人员与工伤认定申请人有利害关系的，应当回避。

四、劳动能力鉴定

职工发生工伤，经治疗伤情相对稳定后存在残疾、影响劳动能力的，应当进行劳动能力鉴定。劳动能力鉴定是指劳动功能障碍程度和生活自理障碍程度的等级鉴定。劳动功能障碍分为十个伤残等级，最重的为一级，最轻的为十级。生活自理障碍分为三个等级：生活完全不能自理、生活大部分不能自理和生活部分不能自理。劳动能力鉴定标准由国务院社会保险行政部门会同国务院卫生行政部门等部门制定。

劳动能力鉴定由用人单位、工伤职工或者其近亲属向设区的市级劳动能力鉴定委员会提出申请，并提供工伤认定决定和职工工伤医疗的有关资料。

省、自治区、直辖市劳动能力鉴定委员会和设区的市级劳动能力鉴定委员会分别由省、自治区、直辖市和设区的市级社会保险行政部门、卫生行政部门、工会组织、经办机构代表以及用人单位代表组成。

设区的市级劳动能力鉴定委员会收到劳动能力鉴定申请后，应当从其建立的医疗卫生专家库中随机抽取 3 名或者 5 名相关专家组成专家组，由专家组提出鉴定意见。设区的市级劳动能力鉴定委员会根据专家组的鉴定意见做出工伤职工劳动能力鉴定结论；必要时，可以委托具备资格的医疗机构协助进行有关的诊断。

设区的市级劳动能力鉴定委员会应当自收到劳动能力鉴定申请之日起 60 日内做出劳动能力鉴定结论，必要时，做出劳动能力鉴定结论的期限可以延长 30 日。劳动能力鉴定结论应当及时送达申请鉴定的单位和个人。

申请鉴定的单位或者个人对设区的市级劳动能力鉴定委员会做出的鉴定结论不服的，可以在收到该鉴定结论之日起 15 日内向省、自治区、直辖市劳动能力鉴定委员会提出再次鉴定申请。省、自治区、直辖市劳动能力鉴定委员会做出的劳动能力鉴定结论为最终结论。

劳动能力鉴定工作应当客观、公正。劳动能力鉴定委员会组成人员或者参加鉴定的专家与当事人有利害关系的，应当回避。

自劳动能力鉴定结论做出之日起1年后，工伤职工或者其近亲属、所在单位或者经办机构认为伤残情况发生变化的，可以申请劳动能力复查鉴定。

五、工伤保险待遇

1. 职工因工作遭受事故伤害或者患职业病进行治疗期间享受的医疗待遇

根据《工伤保险条例》第30条的规定，职工因工作遭受事故伤害或者患职业病进行治疗，享受工伤医疗待遇。

职工治疗工伤应当在签订服务协议的医疗机构就医，情况紧急时可以先到就近的医疗机构急救。

治疗工伤所需费用符合工伤保险诊疗项目目录、工伤保险药品目录、工伤保险住院服务标准的，从工伤保险基金支付。工伤保险诊疗项目目录、工伤保险药品目录、工伤保险住院服务标准，由国务院社会保险行政部门会同国务院卫生行政部门、食品药品监督管理部门等部门规定。

职工住院治疗工伤的伙食补助费，以及经医疗机构出具证明，报经办机构同意，工伤职工到统筹地区以外就医所需的交通、食宿费用，从工伤保险基金支付，基金支付的具体标准由统筹地区人民政府规定。

工伤职工治疗非工伤引发的疾病，不享受工伤医疗待遇，按照基本医疗保险办法处理。

工伤职工到签订服务协议的医疗机构进行工伤康复的费用，符合规定的，从工伤保险基金支付。

社会保险行政部门做出认定为工伤的决定后发生行政复议、行政诉讼的，行政复议和行政诉讼期间不停止支付工伤职工治疗工伤的医疗费用。

工伤职工因日常生活或者就业需要，经劳动能力鉴定委员会确认，可以安装假肢、矫形器、假眼、假牙和配置轮椅等辅助器具，所需费用按照国家规定的标准从工伤保险基金支付。

2. 工伤职工在停工留薪期内享受的待遇

根据《工伤保险条例》第 33 条的有关规定，职工因工作遭受事故伤害或者患职业病需要暂停工作接受工伤医疗的，在停工留薪期内，原工资福利待遇不变，由所在单位按月支付。停工留薪期一般不超过 12 个月。伤情严重或者情况特殊，经设区的市级劳动能力鉴定委员会确认，可以适当延长，但延长时间不得超过 12 个月。工伤职工评定伤残等级后，停发原待遇，按照以下的有关规定享受伤残待遇。工伤职工在停工留薪期满后仍需治疗的，继续享受工伤医疗待遇。

生活不能自理的工伤职工在停工留薪期需要护理的，由所在单位负责。

3. 生活护理费标准

根据《工伤保险条例》第 34 条的有关规定，工伤职工已经评定伤残等级并经劳动能力鉴定委员会确认需要生活护理的，从工伤保险基金按月支付生活护理费。生活护理费按照生活完全不能自理、生活大部分不能自理和生活部分不能自理三个等级支付，其标准分别为统筹地区上年度职工月平均工资的 50%、40% 和 30%。

4. 职工因工致残被鉴定为一级至四级伤残享受的待遇

根据《工伤保险条例》第 35 条的有关规定，职工因工致残被鉴定为一级至四级伤残的，保留劳动关系，退出工作岗位，享受以下待遇：

（1）从工伤保险基金按伤残等级支付一次性伤残补助金，标准为：一级伤残为 27 个月的本人工资，二级伤残为 25 个月的本人工资，三级伤残为 23 个月的本人工资，四级伤残为 21 个月的本人工资。

（2）从工伤保险基金按月支付伤残津贴，标准为：一级伤残为本人工资的 90%，二级伤残为本人工资的 85%，三级伤残为本人工资的 80%，四级伤残为本人工资的 75%。伤残津贴实际金额低于当地最低工资标准的，由工伤保险基金补足差额。

（3）工伤职工达到退休年龄并办理退休手续后，停发伤残津贴，按照国家有关规定享受基本养老保险待遇。基本养老保险待遇低于伤残津贴的，由工伤保险基金补足差额。

职工因工致残被鉴定为一级至四级伤残的，由用人单位和职工个人以伤残津贴为基数，缴纳基本医疗保险费。

5. 职工因工致残被鉴定为五级、六级伤残享受的待遇

根据《工伤保险条例》第36条的有关规定，职工因工致残被鉴定为五级、六级伤残的，享受以下待遇：

（1）从工伤保险基金按伤残等级支付一次性伤残补助金，标准为：五级伤残为18个月的本人工资，六级伤残为16个月的本人工资。

（2）保留与用人单位的劳动关系，由用人单位安排适当工作。难以安排工作的，由用人单位按月发给伤残津贴，标准为：五级伤残为本人工资的70%，六级伤残为本人工资的60%，并由用人单位按照规定为其缴纳应缴纳的各项社会保险费。伤残津贴实际金额低于当地最低工资标准的，由用人单位补足差额。

经工伤职工本人提出，该职工可以与用人单位解除或者终止劳动关系，由工伤保险基金支付一次性工伤医疗补助金，由用人单位支付一次性伤残就业补助金。一次性工伤医疗补助金和一次性伤残就业补助金的具体标准由省、自治区、直辖市人民政府规定。

6. 职工因工致残被鉴定为七级至十级伤残享受的待遇

根据《工伤保险条例》第37条的有关规定，职工因工致残被鉴定为七级至十级伤残的，享受以下待遇：

（1）从工伤保险基金按伤残等级支付一次性伤残补助金，标准为：七级伤残为13个月的本人工资，八级伤残为11个月的本人工资，九级伤残为9个月的本人工资，十级伤残为7个月的本人工资。

（2）劳动、聘用合同期满终止，或者职工本人提出解除劳动、聘用合同的，由工伤保险基金支付一次性工伤医疗补助金，由用人单位支付一次性伤残就业补助金。一次性工伤医疗补助金和一次性伤残就业补助金的具体标准由省、自治区、直辖市人民政府规定。

7. 工伤职工工伤复发

根据《工伤保险条例》第 38 条的有关规定，工伤职工工伤复发，确认需要治疗的，享受本条例第 30 条、第 32 条和第 33 条规定的工伤待遇。

8. 职工因工死亡

根据《工伤保险条例》第 39 条的有关规定，职工因工死亡，其近亲属按照下列规定从工伤保险基金领取丧葬补助金、供养亲属抚恤金和一次性工亡补助金：

（1）丧葬补助金为 6 个月的统筹地区上年度职工月平均工资。

（2）供养亲属抚恤金按照职工本人工资的一定比例发给由因工死亡职工生前提供主要生活来源、无劳动能力的亲属。标准为：配偶每月 40%，其他亲属每人每月 30%，孤寡老人或者孤儿每人每月在上述标准的基础上增加 10%。核定的各供养亲属的抚恤金之和不应高于因工死亡职工生前的工资。供养亲属的具体范围由国务院社会保险行政部门规定。

（3）一次性工亡补助金标准为上一年度全国城镇居民人均可支配收入的 20 倍。

伤残职工在停工留薪期内因工伤导致死亡的，其近亲属享受本条第一款规定的待遇。

一级至四级伤残职工在停工留薪期满后死亡的，其近亲属可以享受本条第一款第（1）项、第（2）项规定的待遇。

9. 职工因工外出期间发生事故或者在抢险救灾中下落不明情况的处理

根据《工伤保险条例》第 41 条的有关规定，职工因工外出期间发生事故或者在抢险救灾中下落不明的，从事故发生当月起 3 个月内照发工资，从第 4 个月起停发工资，由工伤保险基金向其供养亲属按月支付供养亲属抚恤金。生活有困难的，可以预支一次性工亡补助金的 50%。职工被人民法院宣告死亡的，按照本条例第 39 条职工因工死亡的规定处理。

10．工伤职工停止享受工伤保险待遇

根据《工伤保险条例》第 42 条的规定，工伤职工有下列情形之一的，停止享受工伤保险待遇：

（1）丧失享受待遇条件的。

（2）拒不接受劳动能力鉴定的。

（3）拒绝治疗的。

11．用人单位出现分立、合并、转让等情况的处理

根据《工伤保险条例》第 43 条的规定，用人单位分立、合并、转让的，承继单位应当承担原用人单位的工伤保险责任；原用人单位已经参加工伤保险的，承继单位应当到当地经办机构办理工伤保险变更登记。用人单位实行承包经营的，工伤保险责任由职工劳动关系所在单位承担。

职工被借调期间受到工伤事故伤害的，由原用人单位承担工伤保险责任，但原用人单位与借调单位可以约定补偿办法。企业破产的，在破产清算时依法拨付应当由单位支付的工伤保险待遇费用。

12．职工被派遣出境工作的有关规定

根据《工伤保险条例》第 44 条的规定，职工被派遣出境工作，依据前往国家或者地区的法律应当参加当地工伤保险的，参加当地工伤保险，其国内工伤保险关系中止；不能参加当地工伤保险的，其国内工伤保险关系不中止。

13．职工再次发生工伤

根据《工伤保险条例》第 45 条的规定，职工再次发生工伤，根据规定应当享受伤残津贴的，按照新认定的伤残等级享受伤残津贴待遇。

第七节　职业病诊断与职业病病人保障

为了预防、控制和消除职业病危害，防治职业病，保护劳动者健康及其相关权益，促进经济社会发展，我国颁布了《中华人民共和国职业病防治法》，并于 2011 年 12 月 31 日第十一届全国人民代表大会常务委员会第二十四次会议通过《全国人民代表大会常务委员会关于修改〈中华人民共和国职业病防治法〉的决定》。该法确立了职业病防治法律机制，为职业病防治提供了法律保障，具有重要的现实意义，并将产生深远的影响。

一、职业病定义及分类

1. 职业病定义

职业病是指企业、事业单位和个体经济组织等用人单位的劳动者在职业活动中，因接触粉尘、放射性物质和其他有毒、有害因素而引起的疾病。要构成《职业病防治法》中所规定的职业病，必须具备四个条件：患病主体是企业、事业单位或个体经济组织的劳动者；必须是在从事职业活动的过程中产生的；必须是因接触粉尘、放射性物质和其他有毒、有害物质等职业病危害因素引起的；必须是国家公布的《职业病分类和目录》所列的职业病。四个条件缺一不可。

2. 职业病分类

2013 年 12 月 23 日，国家卫生计生委、人力资源社会保障部、安全监管总局、全国总工会联合印发《职业病分类和目录》。该《分类和目录》将职业病分为职业性尘肺病及其他呼吸系统疾病、职业性皮肤病、职业性眼病、职业性耳鼻喉口腔疾病、职业性化学中毒、物理因素所致职业病、职业性放射性疾病、职业性传染病、职业性肿瘤、其他职业病 10 类 132 种。

二、职业病防治工作方针和原则

1. 职业病防治工作方针和机制

（1）职业病防治工作方针。《职业病防治法》第 3 条规定，职业病防治工作坚持"预防为主、防治结合"的方针。这是根据职业病可以预防但是难治这个特点提出来的，是一个对劳动者健康负责的、积极的、主动的方针，是被职业卫生工作长期经验的总结所证实应当采取的正确方针。预防可以减少职业病的发生，减轻职业病的危害程度，但是对已经引起的疾病仍要重视治疗，救治病人，减少痛苦，所以"预防为主、防治结合"是一个全面的方针，概括了职业病防治的基本要求。

（2）职业病防治的机制。《职业病防治法》第 3 条规定，建立用人单位负责、行政机关监管、行业自律、职工参与和社会监督的机制，实行分类管理、综合治理。职业危害防治工作，必须发挥政府、用人单位、职工群众、职业卫生技术服务机构、社会组织等各方面的力量，由全社会加以监督，贯彻"预防为主、防治结合"的方针。

2. 职业病防治原则

依据"预防为主、防治结合"的方针，职业病防治遵循"三级预防"的原则。

第一级预防，又称病因预防。是从根本上杜绝职业危害因素对人的作用，即通过改进生产工艺和生产设备，合理利用防护设施及个人防护用品，以减少工人接触职业危害因素的机会和程度。将国家制定的工业企业设计卫生标准、工作场所有害物质职业接触限值等作为共同遵守的接触限值或"防护"的准则，可在职业病预防中发挥重要的作用。

第二级预防，又称发病预防。是早期检测和发现人体因职业危害因素所致的疾病。其主要手段是定期进行环境中职业危害因素的监测和对接触者的定期体格检查。一是评价工作场所职业危害程度，控制职业危害，加强防毒防尘，防止物理性因素等有害因素的危害，使工作场所职业危害因素的浓度（强度）符合国家职业卫生标准。二是对劳动者进行职业健康监护，开展职业健康检查，早期发现职业性疾病损害，早期鉴别和诊断。

第三级预防，是在病人患职业病以后，合理进行康复处理，包括对职业病病人的保障和对疑似职业病病人进行诊断。保障职业病病人享受职业病待遇，安排职业病病人进行治疗、康复和定期检查；对不适宜继续从事原工作的职业病病人，应当调离原岗位并妥善安置。

第一级预防是理想的方法，针对整体的或选择的人群，对劳动者的健康和福利状态均能起根本的作用，一般所需投入比第二级预防和第三级预防要少，且效果更好。

三、职业病诊断

1. 医疗机构

承担职业病诊断的医疗卫生机构，应当经省、自治区、直辖市人民政府卫生行政部门批准。劳动者可以在用人单位所在地、本人户籍所在地或者经常居住地依法承担职业病诊断的医疗卫生机构进行职业病诊断。

承担职业病诊断的医疗卫生机构在进行职业病诊断时，应当组织三名以上取得职业病诊断资格的执业医师集体诊断。职业病诊断证明书应当由参与诊断的医师共同签署，并经承担职业病诊断的医疗卫生机构审核盖章。

2. 职业病诊断

《职业病防治法》第47条规定，职业病诊断，应当综合分析病人的职业史、职业病危害接触史和工作场所职业病危害因素调查与评价、临床表现以及辅助检查结果等因素。没有证据否定职业病危害因素与病人临床表现之间的必然联系的，应当诊断为职业病。

3. 诊断资料提供

《职业病防治法》第48条规定：用人单位应当如实提供职业病诊断、鉴定所需的劳动者职业史和职业病危害接触史、工作场所职业病危害因素检测结果等资料；安全生产监督管理部门应当监督检查和督促用人单位提供上述资料；劳动者和有关机构也应当提供与职业病诊断、鉴定有关的资料。职业病诊断、鉴定机构需要了解工作场所职业病危害因素情况时，可以对工作场所进行现场调查，也可以向安全生产监督管理部门提出，安全生产监督管理部门应当在10日内组织现场调查。用人单位不得拒绝、阻挠。

《职业病防治法》第49条规定，职业病诊断、鉴定过程中，用人单位不提供工作场所职业病危害因素检测结果等资料的，诊断、鉴定机构应当结合劳动者的临床表现、辅助检查结果和劳动者的职业史、职业病危害接触史，并参考劳动者的自述、安全生产监督管理部门提供的日常监督检查信息等，做出职业病诊断、鉴定结论。

劳动者对用人单位提供的工作场所职业病危害因素检测结果等资料有异议，或者因劳动者的用人单位解散、破产，无用人单位提供上述资料的，诊断、鉴定机构应当提请安全生产监督管理部门进行调查，安全生产监督管理部门应当自接到申请之日起30日内对存在异议的资料或者工作场所职业病危害因素情况做出判定；有关部门应当配合。

4. 对诊断资料争议处理

《职业病防治法》第50条规定，职业病诊断、鉴定过程中，在确认劳动者职业史、职业病危害接触史时，当事人对劳动关系、工种、工作岗位或者在岗时间有争议的，可以向当地的劳动人事争议仲裁委员会申请仲裁；接到申请的劳动人事争议仲裁委员会应当受理，并在30日内做出裁决。

当事人在仲裁过程中对自己提出的主张，有责任提供证据。劳动者无法提供由用人单位掌握管理的与仲裁主张有关的证据的，仲裁庭应当要求用人单位在指定期限内提供；用人单位在指定期限内不提供的，应当承担不利后果。

劳动者对仲裁裁决不服的，可以依法向人民法院提起诉讼。用人单位对仲裁裁决不服的，可以在职业病诊断、鉴定程序结束之日起15日内依法向人民法院提起诉讼；诉讼期间，劳动者的治疗费用按照职业病待遇规定的途径支付。

5. 对职业病诊断争议处理

《职业病防治法》第53条规定，当事人对职业病诊断有异议的，可以向做出诊断的医疗卫生机构所在地地方人民政府卫生行政部门申请鉴定。

职业病诊断争议由设区的市级以上地方人民政府卫生行政部门根据当事人的申请，组织职业病诊断鉴定委员会进行鉴定。当事人对设区的市级职业病诊断鉴定委员会的鉴定结论不服的，可以向省、自治区、直辖市人民政府卫生行政部门申请再鉴定。

职业病诊断鉴定委员会由相关专业的专家组成。职业病诊断鉴定委员会应当按照国务院卫生行政部门颁布的职业病诊断标准和职业病诊断、鉴定办法进行职业病诊断鉴定，向当事人出具职业病诊断鉴定书。职业病诊断、鉴定费用由用人单位承担。

四、职业病病人保障

1. 职业病情况告知

《职业病防治法》第 56 条规定，医疗卫生机构发现疑似职业病病人时，应当告知劳动者本人并及时通知用人单位。用人单位应当及时安排对疑似职业病病人进行诊断；在疑似职业病病人诊断或者医学观察期间，不得解除或者终止与其订立的劳动合同。疑似职业病病人在诊断、医学观察期间的费用，由用人单位承担。

2. 职业病病人待遇

《职业病防治法》第 57 条规定，用人单位应当保障职业病病人依法享受国家规定的职业病待遇，安排职业病病人进行治疗、康复和定期检查。对不适宜继续从事原工作的职业病病人，应当调离原岗位，并妥善安置。第 58 条规定，职业病病人的诊疗、康复费用，伤残以及丧失劳动能力的职业病病人的社会保障，按照国家有关工伤保险的规定执行。第 61 条规定，职业病病人变动工作单位，其依法享有的待遇不变。

《职业病防治法》第 59 条规定，职业病病人除依法享有工伤保险外，依照有关民事法律，尚有获得赔偿的权利的，有权向用人单位提出赔偿要求。第 60 条规定，劳动者被诊断患有职业病，但用人单位没有依法参加工伤保险的，其医疗和生活保障由该用人单位承担。

《职业病防治法》第 61 条规定，用人单位在发生分立、合并、解散、破产等情形时，应当对从事接触职业病危害的作业的劳动者进行健康检查，并按照国家有关规定妥善安置职业病病人。

3. 职业病病人救助

《职业病防治法》第 62 条规定，用人单位已经不存在或者无法确认劳动关系的职业病病人，可以向地方人民政府民政部门申请医疗救助和生活等方面的救助。地方各级人民政府应当根据本地区的实际情况，采取其他措施，使职业病病人获得医疗救治。

第八节 女职工及未成年工 劳动卫生特殊保护

为了减少和解决女职工在劳动中因生理特点造成的特殊困难，保护女职工健康，2012 年 4 月 18 日国务院第 200 次常务会议通过《女职工劳动保护特别规定》，自公布之日起施行。

为维护未成年工的合法权益，保护其在生产劳动中的健康，1994 年 12 月 9 日，原国家劳动部颁布《未成年工特殊保护规定》，自 1995 年 1 月 1 日起施行。

一、女职工劳动保护

针对女职工在经期、孕期、产期、哺乳期等的生理特点，国家规定对女职工应给予特殊的劳动保护。用人单位必须根据女职工的生理特点和所从事工作的特点，加强劳动保护工作；应通过技术改造、工艺改革、设备更新、改进劳动防护用品等途径和方式，改善劳动条件，并采取有效措施加强对女职工的安全教育和安全技术培训。对女职工的特殊保护主要体现在以下几点：

1. 就业保护

凡适合妇女从事劳动的单位，不得拒绝招收女职工；各单位在安排女职工工作岗位时，不得以任何方式加以歧视和限制。

用人单位不得因女职工怀孕、生育、哺乳而降低其工资、予以辞退、与其解除劳动或者聘用合同。

2. 工种和工作岗位保护

根据女职工生理特点，国家制定了女职工禁忌从事的劳动范围，以保护女职工身心健康及其子女的正常发育和成长。女职工禁忌从事的劳动范围如下：

（1）矿山井下作业。

（2）体力劳动强度分级标准中规定的第四级体力劳动强度的作业。

（3）每小时负重 6 次以上、每次负重超过 20 kg 的作业，或者间断负重、每次负重超过 25 kg 的作业。

3. 女职工在经期的保护

女职工在经期禁忌从事的劳动范围如下：

（1）冷水作业分级标准中规定的第二级、第三级、第四级冷水作业。

（2）低温作业分级标准中规定的第二级、第三级、第四级低温作业。

（3）体力劳动强度分级标准中规定的第三级、第四级体力劳动强度的作业。

（4）高处作业分级标准中规定的第三级、第四级高处作业。

4. 女职工孕期的保护

（1）女职工在孕期禁忌从事的劳动范围如下：

1）作业场所空气中铅及其化合物、汞及其化合物、苯、镉、铍、砷、氰化物、氮氧化物、一氧化碳、二硫化碳、氯、己内酰胺、氯丁二烯、氯乙烯、环氧乙烷、苯胺、甲醛等有毒物质浓度超过国家职业卫生标准的作业。

2）从事抗癌药物、己烯雌酚生产，接触麻醉剂气体等的作业。

3）非密封源放射性物质的操作，核事故与放射事故的应急处置。

4）高处作业分级标准中规定的高处作业。

5）冷水作业分级标准中规定的冷水作业。

6）低温作业分级标准中规定的低温作业。

7）高温作业分级标准中规定的第三级、第四级的作业。

8）噪声作业分级标准中规定的第三级、第四级的作业。

9）体力劳动强度分级标准中规定的第三级、第四级体力劳动强度的作业。

10）在密闭空间、高压室作业或者潜水作业，伴有强烈振动的作业，或者需要频繁弯腰、攀高、下蹲的作业。

（2）其他劳动保护。女职工在孕期不能适应原劳动的，用人单位应当根据医疗机构的证明，予以减轻劳动量或者安排其他能够适应的劳动。对怀孕 7 个月以上的女职工，用人单位不得延长劳动时间或者安排夜班劳动，并应当在劳动时间内安排一定的休息时间。怀孕女职工在劳动时间内进行产前检查，所需时间计入劳动时间。

5. 女职工生育期的保护

（1）女职工生育享受 98 天产假，其中产前可以休假 15 天；难产的，增加产假 15 天；生育多胞胎的，每多生育 1 个婴儿，增加产假 15 天。

（2）女职工怀孕未满 4 个月流产的，享受 15 天产假；怀孕满 4 个月流产的，享受 42 天产假。

（3）女职工产假期间的生育津贴，对已经参加生育保险的，按照用人单位上年度职工月平均工资的标准由生育保险基金支付；对未参加生育保险的，按照女职工产假前工资的标准由用人单位支付。女职工生育或者流产的医疗费用，按照生育保险规定的项目和标准，对已经参加生育保险的，由生育保险基金支付；对未参加生育保险的，由用人单位支付。

6. 女职工哺乳期的保护

（1）女职工在哺乳期禁忌从事的劳动范围如下：

1）孕期禁忌从事的劳动范围的第一项、第三项、第九项。

2）作业场所空气中锰、氟、溴、甲醇、有机磷化合物、有机氯化合物等有毒物质浓度超过国家职业卫生标准的作业。

（2）其他劳动保护。

1）对哺乳未满 1 周岁婴儿的女职工，用人单位不得延长劳动时间或者安排夜班劳动。

2）用人单位应当在每天的劳动时间内为哺乳期女职工安排 1 h 哺乳时间；女职工生育多胞胎的，每多哺乳 1 个婴儿每天增加 1 h 哺乳时间。

3）女职工比较多的用人单位应当根据女职工的需要，建立女职工卫生室、孕妇休息室、哺乳室等设施，妥善解决女职工在生理卫生、哺乳方面的困难。

7. 性骚扰的预防和制止

在劳动场所，用人单位应当预防和制止对女职工的性骚扰。

二、未成年工劳动保护

未成年工是指年满 16 周岁未满 18 周岁的劳动者。针对未成年工的生理特点，工作时间和工作分配等方面要进行特殊保护。

1. 未成年工禁忌从事的劳动

《劳动法》第 64 条规定："不得安排未成年工从事矿山井下、有毒有害、国家规定的第四级体力劳动强度的劳动和其他禁忌从事的劳动。"

（1）《未成年工特殊保护规定》第 3 条规定，用人单位不得安排未成年工从事以下范围的劳动：

1）《生产性粉尘作业危害程度分级》国家标准中第一级以上的接尘作业。

2）《有毒作业分级》国家标准中第一级以上的有毒作业。

3）《高处作业分级》国家标准中第二级以上的高处作业。

4）《冷水作业分级》国家标准中第二级以上的冷水作业。

5）《高温作业分级》国家标准中第三级以上的高温作业。

6）《低温作业分级》国家标准中第三级以上的低温作业。

7）《体力劳动强度分级》国家标准中第四级体力劳动强度的作业。

8）矿山井下及矿山地面采石作业。

9）森林业中的伐木、流放及守林作业。

10）工作场所接触放射性物质的作业。

11）有易燃易爆、化学性烧伤和热烧伤等危险性大的作业。

12）地质勘探和资源勘探的野外作业。

13）潜水、涵洞、涵道作业和海拔 3 km 以上的高原作业（不包括世居高原者）。

14）连续负重每小时在 6 次以上并每次超过 20 kg，间断负重每次超过 25 kg 的作业。

15）使用凿岩机、捣固机、气镐、气铲、铆钉机、电锤的作业。

16）工作中需要长时间保持低头、弯腰、上举、下蹲等强迫体位和动作频率每分钟大于 50 次的流水线作业。

17）锅炉司炉。

(2)《未成年工特殊保护规定》第 4 条规定，未成年工患有某种疾病或具有某些生理缺陷（非残疾型）时，用人单位不得安排其从事以下范围的劳动：

1）《高处作业分级》国家标准中第一级以上的高处作业。

2）《低温作业分级》国家标准中第二级以上的低温作业。

3）《高温作业分级》国家标准中第二级以上的高温作业。

4）《体力劳动强度分级》国家标准中第三级以上体力劳动强度的作业。

5）接触铅、苯、汞、甲醛、二硫化碳等易引起过敏反应的作业。

2. 未成年工定期健康检查

《劳动法》第 65 条规定："用人单位应当对未成年工定期进行健康检查。"用人单位在招用未成年工时，要对其进行体格检查，合格者方可录用；录用后还要定期进行体格检查，一般每年进行 1 次。

《未成年工特殊保护规定》第 6 条规定，用人单位应按下列要求对未成年工定期进行健康检查：安排工作岗位之前；工作满 1 年；年满 18 周岁，距前一次的体检时间已超过半年。

第三章　安全技术基础知识

第一节　触电事故的预防

近年来，随着工业的迅速发展，电气化已日趋普及，如果电气设备选用、配置不好或维护不当，或因各种外在因素（如外力撞击、振动、高温、高湿、过载或使用不当），造成接触不良、接线松脱、绝缘老化破损而形成漏电、短路等，会引发电气事故，甚至发生触电伤亡或电气火灾事故。因此，新工人必须了解和掌握一般的生产过程中的用电安全知识。

一、触电事故的种类与方式

1. 触电事故的种类

按照触电事故的构成方式，触电事故可分为电击和电伤。

（1）电击。电击是最危险的触电事故，大多数触电死亡事故都是电击造成的。当人直接接触了正常运行的带电体，电流通过人体，使肌肉发生麻木、抽动，如不能立刻脱离电源，将使人体神经中枢受到伤害，引起呼吸困难、心脏停搏，以致死亡。

（2）电伤。电伤是电流的热效应、化学效应或机械效应对人体造成的局部伤害。电伤多见于人体外部表面，且在人体表面留下伤痕。其中电弧烧伤最为常见，也最为严重，可使人致残或致命。此外还有电烙印、烫伤、皮肤金属化等。

2. 触电方式

触电方式分为直接接触触电、间接接触触电和跨步电压触电。

（1）直接接触触电。直接接触触电方式是指人体直接接触或接近正常运行的带电体造成的触电。直接接触触电又分为单相触电、两相触电和其他触电。其中单相触电最为常见，两相触电危险程度更高一些。

（2）间接接触触电。间接接触触电方式是指由于故障使正常情况下不带电的电气设备金属外壳带电而造成的触电，如接触电压触电。接触电压触电是比较常见的触电方式。当设备发生碰壳漏电时，设备金属外壳产生对地电压，这时人站在设备附近，手或人体其他部位接触到设备外壳，就会造成触电。

（3）跨步电压触电。当电气设备发生接地短路故障或电力线路断落接地时，电流经大地流走，这时接地中心附近的地面存在不同的电位，人体接触到不同电位的两点时会发生触电事故，称为跨步电压触电。这类事故常发生在接地点周围特别潮湿的地方或在水中。

3．人体触电的征兆

小电流通过人体，会引起麻感、针刺感、压迫感、打击感、痉挛、疼痛、呼吸困难、血压异常、昏迷、心律不齐、窒息、心室颤动等症状。数安培以上的电流通过人体，还可导致严重的烧伤。

二、触电事故的发生规律

（1）大多是由于缺乏安全用电知识或不遵守安全技术要求，违章作业所致。

（2）季节性特点。触电事故的统计表明，二、三季度事故较多。主要是由于夏秋季天气多雨、潮湿，降低了电气绝缘性能；天气热，人体多汗衣单，降低了人体电阻。

（3）低电压触电事故多。低压电网、电气设备分布广，人们接触使用 500 V 以下电气设备的机会较多；由于人们的思想麻痹，缺乏电气安全知识，导致事故增多。

（4）单相触电事故多。触电事故中，单相触电占 70% 以上。往往是非持证电工或一般人员私拉乱接，不采取安全措施，造成事故。

（5）触电者中青年人多。这说明安全与技术是紧密相关的。老工人工龄长、工作经验丰富、技术能力强、对安全工作重视，出事故的可能性就小。

（6）事故多发生在电气设备的连接部位。由于该部位紧固件松动、绝缘老化、环境变化和经常活动，会出现隐患或发生触电事故。

（7）行业特点。冶金行业的高温和粉尘，机械行业的场地金属占有系数高，化工行业的腐蚀潮湿，建筑行业的露天分散作业，安装行业的高空移动式用电设备等，由于用电环境条件恶劣，都很容易发生事故。

三、触电事故的预防

1. 防止接触带电部件

防止人体与带电部件直接接触，从而防止电击。采用绝缘、屏护和安全间距是最为常见的安全措施。

（1）绝缘，即用不导电的绝缘材料把带电体封闭起来，这是防止直接触电的基本保护措施。但要注意绝缘材料的绝缘性能应与设备的电压、载流量、周围环境和运行条件相符合。

（2）屏护，即采用遮栏、栅栏、护罩、护盖、箱闸等把带电体与外界隔离开来。屏护常用于电气设备不便于绝缘或绝缘不足以保证安全的场合，是防止人体接触带电体的重要措施。

（3）安全间距是指为防止人体触及或接近带电体，或为防止车辆等物体碰撞或过分接近带电体，在带电体与带电体、带电体与地面、带电体与其他设备和设施之间，应保持一定的安全距离。安全间距的大小与电压高低、设备类型、安装方式等因素有关。

2. 防止电气设备漏电伤人

保护接地和保护接零是防止间接触电的基本技术措施。

（1）保护接地是将正常运行的电气设备不带电的金属部分和大地紧密连接起来。其原理是通过接地把漏电设备的对地电压限制在安全范围内，防止触电事故的发生。保护接地适用于中性点不接地的电网中；电压高于 1 kV 的高压电网中的电气装置外壳，也应采取保护接地。

（2）保护接零是在 380/220 V 三相四线制供电系统中，把用电设备在正常情况下不带电的金属外壳与电网中的零线连接起来。其原理是在设备漏电时，电流经过设备的外壳和零线形成单相短路，短路电流烧断熔丝或使低压断路器跳闸，从而切断电源，消除触电危险。保护接零适用于电网中性点接地的低压系统中。

3. 采用安全电压

根据生产和作业场所的特点，采用相应等级的安全电压，是防止发生触电伤亡事故的根本性措施。《特低电压（ELV）限值》（GB/T 3805—2008）规定我国安全电压额定值的等级为 42 V、36 V、24 V、12 V 和 6 V，应根据作业场所、操作员条件、使用方式、供电方式、线路状况等因素选用。安全电压有一定的局限性，适用于小型电气设备，如手持电动工具等。

4. 漏电保护装置

漏电保护装置，又称触电保护器，在低压电网中发生电气设备及线路漏电或触电时，它可以立即发出报警信号并迅速自动切断电源，从而保护人身安全。漏电保护装置按动作原理可分为电压型、零序电流型、泄漏电流型和中性点型四类，其中电压型和零序电流型两类应用较为广泛。

5. 合理使用防护用具

在电气作业中，合理匹配和使用绝缘防护用具，对防止触电事故、保障操作人员在生产过程中的安全健康具有重要意义。绝缘防护用具可分为两类：一类是基本安全防护用具，如绝缘棒、绝缘钳、高压验电笔等；另一类是辅助安全防护用具，如绝缘手套、绝缘（靴）鞋、橡皮垫、绝缘台等。

6. 安全用电组织措施

防止触电事故，技术措施固然十分重要，组织管理措施也必不可少，其中包括制定安全用电措施计划和规章制度，进行安全用电检查、教育和培训，组织事故分析，建立安全资料档案等。

四、手持电动工具安全使用常识

手持电动工具在使用中需要经常移动，其振动较大，比较容易发生触电事故，而且这类设备往往是在工作人员紧握之下运行的，因此，手持电动工具比固定设备更具有较大的危险性。

1．手持电动工具的分类

手持电动工具按触电保护分为Ⅰ类电动工具、Ⅱ类电动工具和Ⅲ类电动工具。

（1）Ⅰ类电动工具。即普通型电动工具，其额定电压超过50 V。工具在防止触电的保护方面不仅依靠其本身的绝缘，而且必须将不带电的金属外壳与电源线路中的保护零线可靠连接，这样才能保证工具基本绝缘损坏时不成为导电体。这类电动工具的外壳一般都是全金属的。

（2）Ⅱ类电动工具。即绝缘结构全部为双重绝缘结构的电动工具，其额定电压超过50 V。工具在防止触电的保护方面不仅依靠基本绝缘，而且还提供双重绝缘或加强绝缘的附加安全预防措施。这类电动工具外壳有金属和非金属两种，但手持部分是非金属，非金属处有"回"符号标志。

（3）Ⅲ类电动工具。即特低电压的电动工具，其额定电压不超过50 V。工具在防止触电的保护方面依靠由安全特低电压供电和在工具内部不会产生比安全特低电压高的电压。这类电动工具的外壳均为全塑料。

Ⅱ、Ⅲ两类电动工具都能保证使用时电气安全的可靠性，不必接地或接零。

2．手持电动工具的安全使用要求

（1）一般场所应选用Ⅰ类手持式电动工具，并应装设额定漏电动作电流不大于15 mA、额定漏电动作时间小于0.1 s的漏电保护器；在露天、潮湿场所或金属构架上操作时，必须选用Ⅱ类手持电动工具，并装设漏电保护器；严禁使用Ⅰ类手持式电动工具。

（2）电源线必须采用耐用型的橡皮护套铜芯软电缆。单相用三芯（其中一芯为保护零线）电缆；三相用四芯（其中一芯为保护零线）电缆；电缆不得有破损或老化现象，中间不得有接头。

（3）手持电动工具应配备装有专用的电源开关和漏电保护器的

开关箱，严禁一台开关接两台以上设备，其电源开关应采用双刀控制。

（4）手持电动工具开关箱内应当采用插座连接，其插头、插座应无损坏、无裂纹，且绝缘良好。

（5）使用手持电动工具前，必须检查外壳、手柄、电源线、插头等是否完好无损，接线是否正确（防止相线与零线错接）；发现工具外壳、手柄破裂，应立即停止使用并进行更换。

（6）非专职人员不得擅自拆卸和修理电动工具。

（7）作业人员使用手持电动工具时，应穿绝缘鞋，戴绝缘手套，操作时握其手柄，不得利用电缆提拉。

（8）长期搁置不用或受潮的电动工具在使用前应由电工测量绝缘电阻值是否符合要求。

五、安全用电常识

总结安全用电经验和以往事故教训，新工人必须掌握以下安全用电常识：

（1）电气操作属特种作业，操作人员必须经培训合格，持证上岗。

（2）车间内的电气设备，不得随便乱动。如电气设备出了故障，应请电工修理，不得擅自修理，更不得带故障运行。

（3）经常接触和使用的配电箱、配电板、刀开关、按钮、插座、插销以及导线等，必须保持完好、安全，不得有破损或使带电部分裸露。

（4）在操作刀开关、电磁启动器时，必须将盖盖好。

（5）电气设备的外壳应按有关安全规程进行防护性接地或接零。

（6）使用手电钻、电动砂轮等手用电动工具时，必须安设漏电保护器，同时工具的金属外壳应保护接地或接零；操作时应戴好绝缘手套和站在绝缘板上；不得将重物压在导线上，以防止轧破导线发生触电。

（7）使用的行灯要有良好的绝缘手柄和金属护罩。

（8）在进行电气作业时，要严格遵守安全操作规程，遇到不清楚或不懂的事情，切不可不懂装懂，盲目乱动。

（9）一般来说应禁止使用临时线。必须使用时，应经过安技部门批准，并采取安全防护措施，要按规定时间拆除。

（10）进行容易产生静电火灾、爆炸事故的操作时（如使用汽油洗涤零件、擦拭金属板材等），必须有良好的接地装置，及时消除聚集的静电。

（11）移动某些非固定安装的电气设备，如电风扇、照明灯、电焊机等，必须先切断电源。

（12）在雷雨天，不可走进高压电杆、铁塔、避雷针的接地导线 20 m 以内，以免发生跨步电压触电。

（13）发生电气火灾时，应立即切断电源，用黄沙、二氧化碳等灭火器材灭火。切不可用水或泡沫灭火器灭火，因为它们有导电的危险。

六、触电事故典型案例

案例一　违反操作规程引起触电死亡事故

1. 事故经过

某供电局配电修理工甲和乙到用户处检修低压进户线。乙在监护人不在现场的情况下，独自登上 9 m 高的水泥杆顶，作业时未扎腰绳，也没戴手套。甲发现后也未加阻止。当乙将带电侧的铜绑线破开时，突然右手触电，右脚脱离脚扣，左脚带着脚扣顺杆下滑，当滑到距地面 4 m 左右时，人体脱离电杆坠落在地，后因伤势过重，抢救无效死亡，时年 35 岁。

2. 原因分析

这是一起严重违章作业引起的人身伤亡事故。工作人员乙违反了《电业安全工作规程》中关于"高空作业必须使用安全带"的规定；监护人甲没有阻止乙的违章行为，属严重失职。

3. 事故教训与防范措施

（1）高空作业必须两人到场，一人作业，一人监护。

（2）高空作业必须使用安全带。

（3）作业时必须留有足够的安全距离，防止碰触带电体。

案例二 防护措施不得当引起触电死亡事故

1. 事故经过

某年6月，某厂铲车司机向电工借用电烙铁修理铲车。某电工在给电烙铁接线时，采用两线插头，而又将电烙铁的接地螺钉与工作零线连接在一起。由于两线插头不能保证负载与电源间相应的火线和零线的固定连接，当插头插入电源插座时，火线恰好通过放在车上的电烙铁金属外壳使车身带电，结果使手扶车身的司机触电，经抢救无效死亡。

2. 原因分析

本例事故的原因是这位电工的安全技术水平低下，他虽然知道保护接零的重要性，但却不明白工作零线与保护零线必须分开的道理。

3. 事故教训与防范措施

（1）普及电工知识，提高用电水平。

（2）工作零线与保护零线必须分开。

案例三 错误接线引起触电死亡事故

1. 事故经过

某年7月，某变电所控制室安装空气调节器时，使用三相手电钻在有积水的土坑内对供水母管钻孔。手电钻由4芯橡皮线供电，电源侧接24 m处的检修电源端子箱，黄、绿、红三芯接火线，黑芯接地；手电钻侧由另一人接线，他误将电钻引线的黑芯（手电钻外壳接零线）与电源线的绿芯相连，致使手电钻外壳带电，结果使操作者触电，经抢救无效死亡。

2. 原因分析

造成这次事故的原因有：

（1）接错线。

（2）手电钻使用者未穿绝缘鞋，也未戴绝缘手套。

（3）施工地点没有就地设置开关或插座。

（4）救护人员缺乏触电急救知识。

3. 事故教训与防范措施

（1）提高电工的技术水平。

（2）在有积水的土坑内操作时，尽量采用Ⅲ类电动工具。

（3）在危险场所进行手电钻钻孔作业时，操作者应戴绝缘手套，穿绝缘鞋；应就近设置开关或插座，发现问题及时切断电源。

第二节　机械事故伤害及预防

机械设备种类繁多，按行业来分，有冶金机械、化工机械、纺织机械等；按大小来分，有重型机械、中型机械、小型机械等；按加工的材料来分，有金属加工机械、非金属加工机械等。因此，机械安全的要求也就各有不同。特别是新工人入厂之后，将逐步接触一些机械设备，其中有本工种使用的专用机械，也有一般的通用机械。因此，对新工人应首先讲授机械安全技术基础知识，为其进一步学习本人所使用的机械设备的安全知识打下基础。

一、机械事故造成的伤害种类

1. 机械设备的零部件做旋转运动时造成的伤害

机械设备是由许多零部件构成的，其中有的零部件是固定不动的，有的零部件则需要运动，而运动形式最多、最广泛的是做旋转运动。例如，机械设备中的齿轮、带轮、滑轮、卡盘、轴、光杠、丝杠、联轴器等零部件都是做旋转运动的。旋转运动造成人员伤害的主要形式是绞伤和物体打击伤。

2. 机械设备的零部件做直线运动时造成的伤害

例如，锻锤、冲床、剪板机的施压部件，牛头刨床的床头、龙门刨床的床面，以及桥式起重机大车机构、小车机构和升降机构等，都是做直线运动。做直线运动的零部件造成的伤害事故主要有压伤、砸伤、挤伤。

3. 刀具造成的伤害

例如车床上的车刀、铣床上的铣刀、钻床上的钻头、磨床上的磨轮、锯床上的锯条等，都是加工零件用的刀具。刀具在加工零件时造成的伤害主要有烫伤、刺伤、割伤。

4. 被加工的零件造成的伤害

机械设备在对零件进行加工的过程中，有可能对人身造成伤害。这类伤害事故主要有：

（1）被加工零件固定不牢而被甩出打伤人。例如车床卡盘夹不牢，在旋转时就会将工件甩出伤人。

（2）被加工的零件在吊运和装卸过程中可能造成砸伤，特别是笨重的大零件更需要加倍注意。因为当它们吊不牢、放不稳时，就会坠下或者倾倒，将人的手、脚、胳膊、腿部砸伤，甚至将整个人砸倒、压倒而造成重伤、死亡。

5. 电气系统造成的伤害

工厂里使用的机械设备，其动力绝大多数是电能，因此每台机械设备都有自己的电气系统，主要包括电动机、配电箱、开关、按钮、局部照明灯以及接零（地）和馈电导线等。电气系统对人的伤害主要是电击。

6. 手用工具造成的伤害

在机械设备上操作时，有时候需要使用某些手用工具，如锤子、錾子、锉刀等。使用这些手用工具时应注意以下事项：

（1）锤子的锤头不得有卷边或毛刺，否则当用锤子敲打时，卷边或毛刺就可能被击掉飞出打伤人，特别是飞入眼睛内可能造成失明。锤子的手柄一定要安装牢固，否则也可能飞出伤人。

（2）錾子的头部也不能有卷边或毛刺，否则卷边或毛刺会飞出伤人。錾子的刃部必须保持锋利，使用时前方不准站人，以免铲出的铁渣、铁屑飞出伤人。

（3）锉刀必须安装木柄使用，而且木柄必须装牢。使用没有木柄的锉刀会刺伤手心或手腕。锉工件时禁止用嘴吹，以防锉屑迷眼。

（4）手锯的锯条不得过紧或过松。锯削时不得用力过大，往返用力要均匀，以防锯条折断伤人。锯割结束时，应须用手扶持住被锯下的部分，以免被锯下的部分掉下来砸伤人。

7. 其他伤害

机械设备除了能造成上述伤害外，还可能造成其他伤害。例如有的机械设备在使用时伴随着强光、高温，还有的放出化学能、辐射能以及尘毒危害物质等，这些对人体都可能造成伤害。

二、机械事故的原因

机械都是人设计、制造、安装的，在使用中是由人操作、维护和管理的，因此造成机械事故最根本的原因可以追溯到人。造成机械事故的原因可分为直接原因和间接原因。

（一）直接原因

1. 机械的不安全状态

（1）防护、保险、信号等装置缺乏或有缺陷，包括以下情况：

1）无防护。无防护罩，无安全保险装置，无报警装置，无安全标志，无护栏或护栏损坏，噪声大，无限位装置，电气设备未接地、绝缘不良等。

2）防护不当。防护罩未在适当位置，防护装置调整不当，安全距离不够，电气装置带电部分裸露等。

（2）设备、设施、工具、附件有缺陷，包括以下情况：

1）设计不当，结构不符合安全要求。制动装置有缺陷，安全间距不够，工件上有锋利毛刺、毛边，设备上有锋利倒棱等。

2）强度不够。机械强度不够，绝缘强度不够，起吊重物的绳索不符合安全要求等。

3）设备在非正常状态下运行。设备带"病"运转、超负荷运转等。

4）维修、调整不良。设备失修、保养不当、未加注润滑油等。

（3）个人防护用品、用具（防护服、手套、护目镜及面罩、呼吸器官护具、安全带、安全帽、安全鞋等）缺少或有缺陷。

1）无个人防护用品、用具。

2）所用防护用品、用具不符合安全要求。

（4）生产场地环境不良，包括以下情况：

1）照明光线不良。包括照度不足，作业场所烟雾烟尘弥漫、视物不清，光线过强、有眩光等。

2）通风不良。无通风或通风系统效率低等。

3）作业场所狭窄。

4）作业场地杂乱，工具、制品、材料堆放不安全。

5）操作工序设计或配置不安全，交叉作业过多。

6）交通线路的配置不安全。

7）地面滑。地面有油或其他液体、冰雪、易滑物（如圆柱形管子、料头、滚珠等）。

8）物品储存不安全，堆放过高、不稳。

2. 操作者的不安全行为

操作者的不安全行为可能是有意的，也可能是无意的。

（1）操作错误，忽视安全警告。包括：未经许可开动、关停、移动机器；开动、关停机器时未给信号；开关未锁紧，造成意外转动；忘记关闭设备；忽视警告标志、警告信号，操作错误（如按错按钮，阀门、扳手、手柄的操作方向弄错）；供料或送料速度过快，机械超速运转；冲压机作业时手伸进冲模；违章驾驶机动车；工件、刀具装夹不牢；用压缩空气吹铁屑等。

（2）安全装置失效。包括：拆除了安全装置；安全装置失去作用；调整不当造成安全装置失效。

（3）使用不安全设备。包括：临时使用不牢固的设施，如工作梯；使用无安全装置的设备；拉临时线不符合安全要求等。

（4）用手代替工具操作。包括：用手代替手动工具；用手清理切屑；不用夹具固定，用手拿工件进行机械加工等。

（5）物品（原材料、成品、半成品、工具、切屑和生产用品等）存放不当。

（6）攀、坐不安全位置（如平台护栏、起重机吊钩等）。

（7）机械运转时加油、修理、检查、调整、焊接或清扫。

（8）在必须使用个人防护用品、用具的作业或场合中，没有使用或使用不当，如未佩戴个人防护用品等。

（9）穿着不安全装束。包括：在有旋转零部件的设备旁作业时穿着过于肥大、宽松的服装；操纵带有旋转零部件的设备时戴手套；穿高跟鞋、凉鞋或拖鞋进入车间等。

（10）无意或为排除故障而接近危险部位。如在无防护罩的两个相对运动零部件之间清理卡住物时，可能造成挤伤、夹断、切断、压碎或卷进人的肢体而造成严重的伤害。发生此类事故，除了机械结构设计不合理外，违章作业也是重要原因。

（二）间接原因

几乎所有事故的间接原因都与人的错误有关，尽管与事故直接有关的操作人员并没有出错。这些间接原因可能是在设备设计制造、安装调试、维护保养等过程中的人为的错误。间接原因包括：

1. 技术和设计上的缺陷

主要是在工业构件、建筑物（如室内照明、通风）、机械设备、仪器仪表、工艺过程、操作方法、维修检验等的设计和材料使用等方面存在的问题。

（1）设计错误。预防事故应从设计开始。大部分不安全状态是由于设计不当造成的。设计人员由于技术知识水平所限、经验不足，可能没有采取必要的安全措施而犯了考虑不周或疏忽大意的错误。设计人员在设计时，应尽量采取避免操作人员出现不安全行为的技术措施，并应消除机械的不安全状态。设计人员的实践经验越丰富，其设计水平和质量就越高，就能在设计阶段提出消除、控制或隔离危险的方案。

设计错误包括强度计算不准、材料选用不当、设备外观不安全、结构设计不合理、操纵机构不当、未设计安全装置等。即使设计人员选用的操纵器是正确的，如果在控制板上配置的位置不当，也可能使操作人员混淆而发生操作错误，或增加了操作人员的反应时间而忙中出错。设计人员还应注意作业环境的设计颜色和人机工程的运用，不适当的操作位置和劳动姿势都可能使操作人员引起疲劳或思想紧张而容易出错。

（2）制造错误。即使设计是正确的，如果制造设备时发生错误，也会成为事故隐患。在生产关键性部件和组装时，应特别注意防止发生错误。常见的制造错误有加工方法不当（如用铆接代替焊接）、加工精度不够、装配不当、装错或漏装零件、零件未固定或固定不牢等。工件上的刻痕、压痕、工具造成的伤痕以及加工粗糙等，可能造成应力集中而使设备在运行时出现故障。

（3）安装错误。安装时旋转零件同轴度误差大，轴与轴承、齿轮啮合调整不好造成过紧或过松，设备平面度误差大，地脚螺栓未拧紧，设备内遗留工具、零件、棉纱而忘记取出等，都可能使设备发生故障。

（4）维修错误。没有定时对运动部件加润滑油，在发现零部件出现恶化现象时没有按维修要求更换零部件，都是维修错误。当设备大修重新组装时，可能会发生与新设备最初组装时发生的类似错误。安全装置是维修人员检修的重点之一。安全装置失效而未及时修理、设备超负荷运行而未制止、设备带"病"运转等，都属于维修不良。

2. 教育培训不够、未经培训上岗、业务素质低、缺乏安全知识和自我保护能力、不懂安全操作技术、操作技能不熟练、作业时注意力不集中、工作态度不端正、受外界影响而情绪波动、不遵守操作规程等，都是事故的间接原因。

3. 管理缺陷

（1）劳动制度不合理。

（2）规章制度执行不严，有章不循。

（3）对现场工作缺乏检查或指导错误。

（4）无安全操作规程或安全规程不完善。

（5）缺乏监督。

（6）对安全工作不重视。

三、机械设备的安全要求

1. 机械设备的基本安全要求

（1）机械设备的布局要合理，应便于操作人员装卸工件、加工观察和清除杂物，同时也应便于维修人员的检查和维修。

（2）机械设备零部件的强度、刚度应符合安全要求，安装应牢固，不得经常发生故障。

（3）机械设备根据有关安全要求，必须装设合理、可靠、不影响操作的安全装置。例如：

1）对于做旋转运动的零部件，应装设防护罩或防护挡板、防护栏杆等安全防护装置，以防发生绞伤。

2）对于在超压、超载、超温度、超时间、超行程等情况下可能发生危险事故的零部件，应装设保险装置；如超负荷限制器、行程限制器、安全阀、温度继电器、时间继电器等，以便当危险情况发生时，由于保险装置的作用而排除险情，防止事故的发生。

3）对于某些动作需要对人们进行警告或提醒注意时，应安设信号装置或警告牌，如电铃、扬声器、蜂鸣器等声音信号，各种灯光信号，各种警告标志牌等。

4）对于某些动作顺序不能搞颠倒的零部件，应装设联锁装置。即某一动作必须在前一个动作完成之后才能进行，否则就不可能动作，这样就保证了不致因动作顺序搞错而发生事故。

（4）每台机械设备应根据其性能、操作顺序等制定出安全操作规程和检查、润滑、维护等制度，以便操作者遵守。

2. 机械设备电气装置的电气安全要求

（1）供电的导线必须正确安装，不得有任何破损或露铜的地方。

（2）电动机绝缘应良好，其接线板应有盖板防护，以防直接接触。

（3）开关、按钮等应完好无损，其带电部分不得裸露在外。

（4）应有良好的接地或接零装置，连接的导线要牢固，不得有断开的地方。

（5）局部照明灯应使用 36 V 电压，禁止使用 110 V 或 220 V 电压。

3. 机械设备的操纵手柄以及脚踏开关等安全要求

（1）重要的手柄应有可靠的定位及锁紧装置。同轴手柄应有明显的长短差别。

（2）手轮在机动时应能与转轴脱开，以防随轴转动打伤人员。

（3）脚踏开关应有防护罩或藏入床身的凹入部分内，以免掉下的零部件落到开关上，启动机械设备而伤人。

4. 机械设备作业现场的要求

机械设备的作业现场要有良好的环境，即照度要适宜，湿度与温度要适中，噪声和振动要小，零件、工夹具等要摆放整齐。因为这样能促使操作者心情舒畅，专心无误地工作。

四、机械事故的预防

要保证机械设备不发生工伤事故，不仅机械设备本身要符合安全要求，而且更重要的是要求操作者严格遵守安全操作规程。机械设备的安全操作规程因其种类不同而内容各异，但其基本安全守则包括以下几点：

（1）必须正确穿戴个人防护用品。该穿戴的必须穿戴，不该穿戴的就一定不要穿戴。例如机械加工时要求女工戴护帽，如果不戴就可能将头发绞进去；同时要求不得戴手套，如果戴了，机械的旋转部分就可能将手套绞进去，将手绞伤。

（2）操作前要对机械设备进行安全检查，而且要空车运转一下，确认正常后方可投入运行。

（3）机械设备在运行中也要按规定进行安全检查。特别是检查紧固的物件是否由于振动而松动，必要时应重新紧固。

（4）机械设备严禁带故障运行，千万不能凑合使用，以防出事故。

（5）机械设备的安全装置必须按要求正确调整和使用，不准将其拆掉不用。

（6）机械设备使用的刀具、工夹具以及加工的零件等一定要装卡牢固，不得松动。

（7）机械设备在运转时，严禁用手调整；也不得用手测量零件，或进行润滑、清扫杂物等。如必须进行时，应首先关停机械设备。

（8）机械设备运转时，操作者不得离开工作岗位，以防发生问题时无人处置。

（9）工作结束后，应切断机床电源，把刀具和工件从工作位置退出，并清理好工作场地，将零件、工夹具等摆放整齐，打扫好机械设备的卫生。

五、机械伤害典型事故

案例一　开机调整机械致手指骨折事故

1. 事故经过

某合金公司精整车间副主任陈某值班，在经过清洗机列时，发现挤水辊前面从清洗箱出来的一块板片倾斜卡住。陈某觉得若通知主操纵手停机后再找人调整会影响生产进程，遂在没有通知主操纵手停机的情况下，便直接将戴手套的左手伸入挤水辊与清洗箱间的空隙中，来调整倾斜的板片。由于当时挤水辊正在高速旋转，马上就将陈某的左手带入旋转的挤水辊内，造成陈某左手无名指、小指近关节粉碎性骨折，手掌大部分肌肉挤碎，送医后无名指、小指被切掉。

2. 事故原因

（1）该厂职工的安全意识不强。陈某在没有停机的情况下戴手套操作旋转设备，没有遵守车间的安全操作规定；而且主操纵手工作也不称职，没有及时发现故障。这是事故发生的主要原因。

（2）该厂对安全工作监管不严，对职工安全教育不够。安全员没有及时发现陈某的行为并进行制止，监护不到位。

3. 防范措施

（1）加强现场安全检查力度，纠正作业中的习惯性违章操作行为，杜绝类似事故重复发生。

（2）加强安全管理，将安全责任层层分解落实到具体人员，促进安全工作齐抓共管。

（3）认真查找设备隐患，落实隐患整改责任人，并在重复发生和易发生事故部位设立安全警示标志。

（4）对职工进行安全技术操作规程的教育培训和考核，组织职工进行事故分析，用事故教训给职工敲响警钟，使大家在思想上高度重视安全工作。

案例二 违规操作、锯断伤人

1. 事故经过

某机床厂木型车间工人李某准备用木工带锯床加工画有圆弧线的木板。为准确切割曲线，操作中李某推木板吃锯时用力扳锯条，锯条运转中每经过接头处便发出"嘎嘎"响声，李某对此不管不顾。最终"咔！"的一声锯条崩断飞出，将李某脸、手等多处割伤。

2. 事故原因

带锯条接头处是经焊接、打磨后使用的，连接处要比其他部位强度低，受到拉力或磨损时是最先被损坏的部位。李某在操作中为图省事，没有直线走锯，而是强行扳锯条走曲线，而锯条在运转中受力过大会产生脱轮或崩断现象；而且这次切割时，李某嫌麻烦没有将锯条可调定位夹板按木料厚度下调到位，失去了锯条走偏的保护，锯条崩断时造成飞甩伤人事故。

3. 防范措施

（1）认真遵守木工机械安全操作规程，使用带锯前必须按木料厚度调整锯条夹板保护装置。

（2）切割曲线应使用专用线锯床；在用带锯床切割较大弧线尺寸时应分段直线切割、赶出圆弧，严禁别锯条走曲线切割。

（3）升降式带锯条夹挡装置，最好采用可调升降式带全封闭安全罩的锯条夹挡装置，以免故障中锯条飞出伤人。

第三节 起重伤害及预防

起重机械在厂矿企业的应用比较广泛，对于实现生产过程的机械化、提高生产效率、降低工人劳动强度等起着重要作用。由于起重机械种类繁多，应用广泛，结构复杂，作业中伤亡事故多，因此需要介绍它的有关安全技术基础知识，以防止起重机械伤害事故发生。

一、起重机械的分类

按运动方式，起重机械可分为以下四种基本类型：

1. 轻小型起重机械

如千斤顶、手拉葫芦、滑车、绞车、电动葫芦、单轨起重机械等，多为单一的升降运动机构。

2. 桥架类型起重机械

分为梁式、通用桥式、门式和冶金桥、装卸桥式及缆索式起重机械等，是具有两个或两个以上运动机构的起重机械，通过各种控制器或按钮操纵各机构的运动。一般有起升、大车和小车运行机构，可将重物在三维空间内搬运。

3. 臂架类型起重机械

有固定旋转式、门座式、塔式、汽车式、轮胎式、履带式及铁路起重机械、浮游式起重机械等种类。一般来说，其工作机构除起升机和运行机构外（固定臂架式无运行机构），还有变幅机构、旋转机构。

4. 升降类型起重机械

如载人电梯或载货电梯、货物提升机等，其特点是虽只有一个升降机构，但安全装置与其他附属装置较为完善，可靠性大。此类起重机械有人工控制和自动控制两种。

二、起重伤害事故的主要类型

1. 坠落事故

在作业中，人、吊具、吊载的重物从空中坠落所造成的人身伤亡或设备损坏事故。

2. 触电事故

从事起重作业或其他作业人员，因违章操作或其他原因遭受的电气伤害事故。

3. 挤伤事故

作业人员被挤压在两个物体之间造成的挤伤、压伤、击伤等人身伤亡事故。

4. 机毁事故

起重机机体因为失去整体稳定性而发生倾覆翻倒，造成起重机机体严重损坏以及人员伤亡事故。

5. 其他事故

包括因误操作、起重机之间的相互碰撞、安全装置失效、野蛮操作、突发事件、偶然事件等引起的事故。

三、起重伤害事故的主要原因

1. 挤压碰撞

挤压碰撞是指作业人员被运行中的起重机械挤压或碰撞，它是起重机械作业中常见的伤亡事故，其危险性大，后果严重，往往会导致人员死亡。

起重机械作业中挤压碰撞主要有四种情况：

（1）吊物（具）在起重机械运行过程中摇摆挤压碰撞人。发生此种情况的原因：一是由于司机操作不当，运行中机构速度变化过快，使吊物（具）产生较大惯性；二是由于指挥有误，吊运路线不合理，致使吊物（具）在剧烈摆动中挤压碰撞人。

（2）吊物（具）摆放不稳而发生倾倒碰砸到人。发生此种情况的原因：一是由于吊物（具）放置方式不当，重大吊物（具）放置不稳或没有采取必要的安全防护措施；二是由于吊运作业现场管理不善，致使吊物（具）突然倾倒碰砸到人。

（3）在指挥或检修流动式起重机作业中被挤压碰撞，即作业人员在起重机械运行机构与回转机构之间，受到运行（回转）中的起重机械的挤压碰撞。发生此种情况的原因：一是由于指挥作业人员站位不当（如站在回转臂架与机体之间）；二是由于检修作业中没有采取必要的安全防护措施，致使司机在贸然启动起重机回转机构时挤压碰撞到人。

（4）在巡检或维修桥式起重机作业中被挤压碰撞，即作业人员在起重机械与建（构）筑物之间（如站在桥式起重机大车运行轨道上或站在巡检人行通道上），受到运行中的起重机械的挤压碰撞。此种情况大多发生在桥式起重机检修作业中，其原因：一是由于巡检人员或维修作业人员与司机缺乏相互联系；二是由于检修作业中没有采取必要的安全防护措施（如将起重机固定在大车运行区间的锚定装置），致使在司机贸然启动起重机时挤压碰撞到人。

2. 触电（电击）

触电（电击）是指在起重机械作业中作业人员触及带电体而发生触电（电击）。起重机械作业大部分处在有电的作业环境，触电（电击）也是起重机械作业中常见的伤亡事故。

起重机械作业中，作业人员触电（电击）主要有四种情况：

（1）司机碰触滑触线。当起重机械司机室设置在滑触线同侧，司机在上下起重机时碰触滑触线而触电。发生此种情况的原因：一是由于司机室位置设置不合理，一般不应设置在滑触线同侧；二是由于起重机在靠近滑触线端侧没有设置防护板（网），致使司机触电（电击）。

（2）起重机械在露天作业时触及高压输电线。即露天作业的流动式起重机在高压输电线下或塔式起重机在高压输电线旁侧，在伸臂、变幅或回转过程中触及高压输电线，使起重机械带电，致使作业人员触电（电击）。发生此种情况的原因：一是由于起重机械在高压输电线下（旁侧）作业没有采取必要的安全防护措施（如加装屏护隔离）；二是由于指挥不当，操作有误，致使起重机械带电，导致作业人员触电（电击）。

（3）电气设施漏电。发生此种情况的原因：一是由于起重机械电气设施维修不及时，发生漏电；二是由于司机室没有设置安全防护绝缘垫板，致使司机因设施漏电而触电（电击）。

（4）起升钢丝绳碰触滑触线。即由于歪拉斜吊或吊运过程中吊物（具）剧烈摆动使起升钢丝绳碰触滑触线，致使作业人员触电。发生此种情况的原因：一是由于吊运方法不当（如歪拉斜吊），违反安全规程；二是由于起重机械靠近触线端侧没有设置滑触线防护板，致使起升钢丝绳碰触滑触线而带电，导致作业人员触电（电击）。

3. 高处坠落

高处坠落是指起重机械作业人员从起重机械上坠落。高处坠落主要发生在起重机械安装、维修作业时。

起重机械作业中，作业人员发生高处坠落主要有三种情况：

（1）检修吊笼坠落。发生此情况的原因：一是由于检修吊笼结构设计不合理（如防护杆高度不够，材质选用不符合规定要求，设计强度不够等）；二是由于检修作业人员操作不当；三是由于检修作业人员没有采取必要的安全防护措施（如系安全带），致使作业人员与检修吊笼一起坠落。

（2）跨越起重机时坠落。发生此种情况的原因：一是由于检修作业人员没有采取必要的安全防护措施（如系安全带、挂安全绳、架安全网等）；二是由于作业人员麻痹大意，违章作业，致使发生高处坠落。

（3）安装或拆卸可升降塔式起重机的塔身（节）作业中，塔身（节）连同作业人员坠落。发生此种情况的原因：一是由于塔身（节）结构设计不合理（拆装固定结构存在隐患）；二是由于拆装方法不当，作业人员与指挥人员配合有误，致使塔身（节）连同作业人员一起坠落。

4. 吊物（具）坠落砸人

吊物（具）坠落砸人是指吊物或吊具从高处坠落砸向作业人员与其他人员。这是起重机械作业中最常见的伤亡事故，也是各类起重机械作业中普遍性的伤亡事故，其危险性极大，后果非常严重，往往导致人员死亡。

吊物（具）坠落砸人主要有四种情况：

（1）捆绑吊挂方法不当。发生此种情况的原因：一是由于捆绑钢丝绳间夹角过大，又无平衡梁，钢丝绳被拉断，致使吊物坠落砸人；二是由于吊运带棱角的吊物未加防护板，捆绑钢丝绳被磕断，致使吊物坠落砸人。

（2）吊具有缺陷。发生此种情况的原因：一是由于起升机构钢丝绳折断，致使吊物（具）坠落砸人；二是由于吊钩有缺陷（如吊钩变形、吊钩材质不符合要求而折断、吊钩组件松脱等），致使吊物（具）坠落砸人。

（3）超负荷。发生此种情况的原因：一是由于作业人员对吊物的重量不清楚（如吊物部分被埋在地下或冻结在地面上，地脚螺栓未松开等），盲目起吊，超负荷拉断吊索具，致使吊具坠落（甩动）砸人；二是由于歪拉斜吊导致超负荷而拉断吊具，致使吊物（具）坠落砸人。

（4）过（超）卷扬。发生此种情况的原因：一是由于没有安装上升极限位置限制器或限制器失灵，致使吊钩继续上升直至卷（拉）断起升钢丝绳，导致吊物（具）坠落砸人；二是由于起升机构的主接触器失灵（如主触头熔接、因机构故障或电磁铁的铁芯剩磁过大使主触头释放动作迟缓），不能及时切断起升机构，直至卷（拉）断起升钢丝绳，导致吊物（具）坠落砸人。

5. 机体倾翻

机体倾翻是指在起重机械作业中整台起重机倾翻。这种情况通常发生在从事露天作业的流动式起重机和塔式起重机中。

发生机体倾翻主要有三种情况：

（1）风荷作用。发生此种情况的原因：一是由于露天作业的起重机夹轨器失效；二是由于露天作业的起重机没有防风锚定装置或防风锚定装置不可靠，当大（台）风刮来时，致使起重机被刮倒。

（2）地面不平。发生此种情况的原因：一是由于吊运作业现场地面不平；二是由于操作方法不当，指挥作业失误，致使机体倾翻。

（3）操作不当。发生此种情况的原因：一是由于吊运作业现场不符合要求（如地面基础松软，有斜坡、坑、沟等）；二是由于支腿架设不符合要求（如支腿垫板尺寸过小、高度过大或有损伤等）；三是由于操作不当或超负荷，致使机体倾翻。

四、起重伤害事故的预防

为预防起重伤害事故，必须做到以下几点：

（1）起重作业人员须经有资格的培训单位培训并考试合格，才能持证上岗。

（2）起重机械必须设有安全装置，如超载限制器、力矩限制器、极限位置限制器、过卷扬限制器、电气防护性接零装置、端部止挡、缓冲器、联锁装置、夹轨器和锚定装置、信号装置等。

（3）严格检验和修理起重机机件，如钢丝绳、链条、吊钩、吊环和滚筒等，报废的应立即更换。

（4）建立健全维护保养、定期检验、交接班等制度，细化安全操作规程。

（5）起重机运行时，禁止任何人上下；也不能在运行中检修起重机。上下起重机要走专用梯子。

（6）起重机的悬臂能够伸到的区域内不得站人，带电磁吸盘的起重机的工作范围内不得有人。

（7）吊运物品时，不得从有人的区域上空经过；吊物上不准站人；不能对吊挂着的物品进行加工。

（8）起吊的物品不能在空中长时间停留，特殊情况下应采取安全保护措施。

（9）起重机司机接班时，应对制动器、吊钩、钢丝绳和安全装置进行检查，发现异常时应在操作前将故障排除。

（10）开车前必须先打铃或报警。操作中接近人时，也应给予持续铃声或报警。

（11）按指挥信号操作。对紧急停车信号，不论任何人发出，都应立即执行。

（12）确认起重机上无人时，才能接通主电源进行操作。

（13）工作中突然断电时，应将所有控制器手柄扳回零位；重新工作前，应检查起重机是否工作正常。

（14）在轨道上露天作业的起重机，当工作结束时，应将起重机锚定；当风力大于6级时，一般应停止工作，并将起重机锚定；对于门座起重机等在沿海工作的起重机，当风力大于7级时，应停止工作，并将起重机锚定好。

（15）当司机维护保养时，应切断主电源，并挂上标志牌或加锁。如有未消除的故障，应通知接班的司机。

五、起重吊装作业中的"十不吊"原则

（1）超载或被吊物重量不清不吊。

（2）指挥信号不明确不吊。

（3）捆绑、吊挂不牢或不平衡，可能引起滑动时不吊。

（4）被吊物上有人或浮置物时不吊。

（5）结构或零部件有影响安全工作的缺陷或损伤时不吊。

（6）遇有拉力不清的埋置物件时不吊。

（7）工作场地昏暗，无法看清场地、被吊物和指挥信号时不吊。

（8）被吊物棱角处与捆绑钢绳间未加衬垫时不吊。

（9）歪拉斜吊重物时不吊。

（10）容器内装的物品过满时不吊。

六、起重伤害典型事故

案例一　超载起吊倾覆伤亡事故

1. 事故经过

某开发区厂房工地基础工程由某工程公司一分公司承包施工。该分公司向某安装公司租赁了两台 15 t 履带起重机，且履带起重机司机随车配合作业。履带起重机吊装任务是吊钻架并将其移位。当履带起重机约向北行走 7.2 m 后，停在新孔位前约 8 m 处，又使起重臂几乎与地面平行时，开始吊高钻架继续对孔，就在起吊的瞬间，该分公司工长张某发现履带起重机随着吊钩提升一起向外倾斜，遂急呼司机，司机李某赶快放起升钢丝绳，但是无效。只见李某从倾斜中的起重机驾驶室中急忙跳出来，当着地后又恰巧被倾倒的起重机压在下面，后经现场人员送往医院抢救无效死亡。

2. 事故原因

（1）从履带起重机倾覆现场勘察测得，起重机回转中心线与钻架原吊装状态重心铅垂线之间的距离为 8 m，而该履带起重机当幅度为 8 m 时，其允许的起重量为 6 t，而该钻架理论重量为 6.3 t，且不包括钻头与电动机重量，因严重超载，致使对起重机倾覆边的倾覆力矩大于稳定力矩，导致起重机倾覆。因此，超载吊装是导致此次事故的直接原因。

（2）该起重机未安装起重力矩限制器安全保护装置，操作人员无法准确掌握重物的实际重量，致使超载运行导致倾覆，是事故的主要原因。

（3）起重指挥人员未经安全技术培训，不熟悉起重吊装作业安全基本知识，特别是在作业前未向起重机司机进行安全技术交底，钻架机械仅有理论重量，无实际重量说明，即在重量不清的情况下，违章指挥、违章操作。

（4）司机李某在不清楚被吊物重量的情况下，草率作业，严重违规，并在出现险情时不能保持冷静，缺乏必要的安全避险知识，这些也是造成此次死亡事故的重要原因。

3. 防范措施

（1）起重机安全保护装置必须按规定配置，最大额定起重量不大于32 t的起重机，必须装设起重量显示器，其误差应不大于5%。

（2）严格按起重机的额定起重量表和起升高度曲线作业。起吊物品不能超过规定的工作幅度和相应的额定起重量，严禁超载作业。

（3）在进行起重吊装作业前必须制定作业指导书，并对起重机司机及相关人员进行安全技术交底。起重机械指挥、操作人员应经培训合格后持证上岗，并应熟悉所操作起重机械的操作规程以及相关的安全规定。起重机械作业时，指挥、操作人员必须认真负责，注意力集中。

（4）加强对起重机械操作人员的安全意识和责任感的培训，通过对事故案例的讲解和学习，增强操作人员的安全意识，提高其操作和防止事故能力。制定起重机械事故应急预案，并进行培训和演练，提高相关人员在紧急情况下的避险能力。

案例二　吊运混凝土基础掉落滚动事故

1. 事故经过

某油田工程建设公司在吊运混凝土基础过程中，由于12号混凝土基础是单孔起吊，吊孔因强度不够被突然撕裂，基础（3 t左右）掉落滚动，将站在其他基础上指挥吊运的吊车司机林某挤压在两个混凝土基础之间，送医院抢救无效死亡。

2. 事故原因

（1）林某违章操作，在基础从空中下落时，从基础侧方跳到基础下落方向的正下方，此时吊钩突然将吊孔撕裂，导致基础下落伤人。

（2）在混凝土基础起吊作业中，采取单孔从地里直接拔出起吊，使吊孔在拔起过程中损坏未被及时发现导致撕裂，违反了有关标准和操作规程的规定。

3. 预防措施

（1）起重作业中，重物下方和危险区域内严禁有人站立或走动。

（2）严禁在起吊作业中采取单孔将重物从地里直接拔出的方式进行起吊。

第四节　运输事故及预防

厂内运输是企业生产不可缺少的一个组成部分，而且随着技术的不断进步，厂内运输也日益机械化，除了采用人力运输外，使用各种不同的机动车辆进行运输越来越多。例如，除了正常采用铁路机车和一般汽车运输外，还采用蓄电池车、铲车、微型卡车、小型拖拉机以及各种机动传送带进行材料、零件、成品等的运输。

企业内机动车辆虽然只是在厂院内进行运输作业，但如果对安全驾驶和行车安全的重要性认识不足、思想麻痹，进而违章驾驶、车辆带病运行等，就会造成车辆伤害事故。这不仅会影响企业的正常生产，还会给企业和职工造成不应有的损失。为此，本节将分别论述厂内运输事故的类别以及厂内汽车运输、蓄电池车运输和运输危险性物品的有关安全要求，以提高广大驾驶人员和安全管理人员的安全意识与技能。

一、厂内运输常见事故类型

1. 车辆伤害

包括撞车、翻车、挤压和轧碾等。

2．物体打击

搬运、装卸和堆垛时物体的打击。

3．高处坠落

人员或人员连同物品从车上掉下来。

4．火灾、爆炸

由于人为的原因发生火灾并引起油箱等可燃物急剧燃烧爆炸；或装载易燃易爆物品，因运输不当发生火灾爆炸。

二、厂内运输事故的原因

车辆伤害事故的原因是多方面的，但主要是涉及人（驾驶员、行人、装卸工）、车（机动车与非机动车）、道路环境这三个综合因素。在这三者中，人是最为重要的因素。据有关资料分析，一般情况下，驾驶员是造成事故的主要原因，负直接责任的占70%以上。

大量的企业内机动车辆伤害事故统计分析表明，事故主要发生在车辆行驶、装卸作业、车辆检修及非驾驶员驾车等过程中。从各类事故所占比例看，车辆行驶中发生的事故占44%，车辆装卸作业中发生的占23%，车辆检修中发生的占7.9%，非驾驶员开车肇事占16.5%，其他类型的事故占8.5%。由此不难发现，车辆伤害事故的主要原因都集中在驾驶员身上，而这些事故又都是驾驶员违章操作、疏忽大意、操作技术等方面的错误行为造成的。为了吸取教训，杜绝事故，现将企业内机动车事故的主要原因介绍如下：

1．违章驾车

指当事人由于思想方面的原因而导致错误的操作行为，不按有关规定行驶，扰乱正常的企业内搬运秩序，致使事故发生。如酒后驾车、疲劳驾车、非驾驶员驾车、超速行驶、争道抢行、违章超车、违章装载等原因造成的车辆伤害事故。

2．疏忽大意

指当事人由于心理或生理方面的原因，没有及时、正确地观察和判断道路情况，而造成失误。如情绪急躁、精力不集中、心理压力大、身体不适等，都可能造成注意力下降、反应迟钝，表现出瞭望观察不周，遇到情况采取措施不及时或不当；也有的只凭主观想象判断情况，或过高地估计自己的经验技术，过分自信，引起操作失误导致事故。

3. 车况不良

车辆有缺陷和故障，从而在运行过程中导致伤亡事故的发生。例如车辆的刹车装置失灵，关键时候刹不住车；车辆的转向装置有故障，转向时冲到路外或转不了弯；车辆的灯光信号不能正确地指示，向右转指示不出来或指示为向左转等。

4. 道路环境

（1）道路条件差。厂区道路和厂房、库房内通道狭窄、曲折，车辆通行困难。

（2）视线不良。由于厂区内建筑物较多，特别是车间、仓库之间的通道狭窄且交叉和弯道较频繁，致使驾驶员在驾车行驶中的视距、视野大大受限。

（3）因风、雪、雨、雾等自然环境的变化，使驾驶员视线、视距、视野以及听觉力受到影响，往往造成判断情况不及时；再加上在雨水、积雪、冰冻等自然条件下路面太滑，这些也是造成事故的因素。

5. 管理因素

（1）管理规章制度或操作规程不健全。

（2）车辆安全行驶制度不落实。

（3）无证驾车。

（4）交通信号、标志、设施缺陷等。

三、厂内汽车在运输过程中应遵守的规定

（1）驾驶员必须有经公安部门考核合格后发给的驾驶证。

（2）厂区内行车速度不得超过 15 km/h，天气恶劣时不得超过 10 km/h，倒车及出入厂区、厂房时不得超过 5 km/h；不得在平行铁路装卸线钢轨外侧 2 m 以内行驶。

（3）装载货物时不得超载，而且货物的高度、宽度和长度应符合公安部、原交通部的规定。对于较大和易滚动的货物，应用绳索拴牢。对于超出车厢的货物应备有托架。

（4）装载超过规定的不可拆解货物时，必须经过企业交通安全管理部门批准，派专人押运，按指定的线路、时间和要求行驶。

（5）装运炽热货物及易燃、易爆、剧毒等危险货物时，应遵守国家标准《工业企业厂内铁路、道路运输安全规程》（GB 4387—2008）的规定。

（6）装卸货物时，汽车与堆放货物之间的距离一般不得小于1 m，与滚动物品的距离不得小于2 m。装卸货物的同时，驾驶室内不得有人，不准将货物经过驾驶室的上方装卸。

（7）多辆车同时进行装卸时，前后车的间距应不小于2 m，横向两车栏板的间距不得小于1.5 m，车身后栏板与建筑物的间距不得小于0.5 m。

（8）倒车时，驾驶员应先查明情况，确认安全后方可倒车，必要时应有人在车后进行指挥。

（9）随车人员应坐在安全可靠的指定部位，严禁坐在车厢侧板上或驾驶室顶上，也不得站在踏板上；手脚不得伸出车厢外；严禁扒车和跳车。

四、蓄电池车运输安全要求

（1）蓄电池车司机经过体检合格后，由正式驾驶员带领辅导实习3~6个月，经过考试合格后，由安全主管部门发给合格证，即可独立驾驶。非驾驶员和无证者一律不准驾驶。

（2）出车前必须仔细检查刹车、方向盘、扬声器、轮胎等部件是否完好。

（3）司机严禁酒后开车，行车时严禁吸烟，思想要集中，不准与他人谈笑打闹。

（4）坐式蓄电池车驾驶室内只允许坐两人，车厢内只能乘坐随车人员1人，拖挂车上禁止乘人。

（5）蓄电池车只准在厂区及规定区域内行驶，凡需驶出规定区域时，必须经公安部门同意。

（6）厂区行驶速度最高不得超过10 km/h。在转弯、狭窄路、交叉口、出入车间的大门、行人拥挤等地方，行驶速度最高不超过 5 km/h。

（7）装载物件时，宽度方向不得超过车底盘两侧各 0.2 m，长度方向不得超过车长 0.5 m，高度不得超过离地面 2 m；不得超载。

（8）装载的物件必须放置平稳，必要时用绳索捆牢。危险物品要包装严密、牢固，不得与其他物件混装，并且要低速行驶；不准使用拖挂车拉运危险品。

（9）蓄电池车严禁进入易燃、易爆场所。

（10）行车前应先查看前方及周围有无行人和障碍物，鸣笛后再开车。在转弯时应减速、鸣笛、开方向灯或打手势。

（11）发生事故应立即停车，抢救伤员，保护现场，报告有关主管部门，以便调查处理。

（12）工作完毕，应做好检查、保养工作，并将蓄电池车驾驶到规定地点，挂上低速挡，拉好刹车，上锁，拔出钥匙。

五、汽车、铲车运输安全要求

在工厂或施工现场，大量的运输工作都是由汽车来完成的，因此厂区道路上行驶最多的车辆是汽车，发生运输事故最多的也是汽车。为此，使用汽车及汽车式铲车运输，必须严格遵守以下安全事项：

（1）汽车驾驶员必须符合国家颁发的有关文件规定和技术要求，持有相应的驾驶证件，熟悉车辆性能，方可独立驾驶。

（2）驾驶车辆时必须携带驾驶证、行车证等证件，不得驾驶与证件规定不相符的车辆，不准将车辆交给不熟悉该车性能和无驾驶证的人员驾驶。

（3）驾驶新类型车辆，必须先经过专门训练，熟悉车辆各部分的结构、性能、用途，做到会驾驶、会保养、会排除简单故障。对技术难度较大的车辆，应在考试合格后方可单独驾驶。

（4）学员必须在取得交管部门颁发的学习证后，方可在教练员的指导下，在指定的路线上学习驾驶。

（5）驾驶人员必须执行调度的命令，根据任务单出车，并对车辆的正确运行、安全生产、完成定额指标负有直接责任。

（6）驾驶人员必须严格遵守国家颁发的交通安全法令和规章制度，服从交通管理人员的指挥、监察，积极维护交通秩序，保障人员生命财产的安全。

（7）驾驶车辆时必须精神集中，不准闲谈、吃食、吸烟，不准做与驾驶无关的事情。

（8）车辆不准超载运行，如遇特殊情况需超载时，应经车辆主管部门批准。

（9）车辆不准带病运行。在行驶中发现有异响、发热等异常情况，应停车查明原因，待故障排除后方可继续行驶；返回后应及时报告有关部门并做好相应的记录。

（10）油料着火时不得浇水，应用灭火剂、沙土、湿麻袋等物扑救。

（11）电线着火时应立即关闭电闸，拆除一根蓄电池电线，以切断电源。

（12）汽车在厂内的行驶速度，必须严格遵守下列规定：

1）在厂区道路上行驶速度，不得超过 20 km/h。

2）出入厂区大门及倒车速度，不得超过 5 km/h。

3）在车间内及出入车间大门的速度，不得超过 3 km/h。

4）在转弯处或视线不良处，应减速行驶。

（13）汽车在厂内装卸货物时，必须严格遵守下列安全要求：

1）根据本车负荷吨位装载，不允许超载。

2）装载货物的高度，不允许超过 3.5 m（从地面算起）。

3）装载零散货物不要超过两侧厢板，必要时可将两侧厢板加高，以防货物掉下砸伤人员。

4）装载较大或易滚动的货物，应用绳索绑紧拴牢。

5）装载的大件、重件应放在车体中央，小件、轻件应放在两侧，以免行车转弯或急刹车时造成事故。

6）装载长大物件超过车体时，应备有托架或加挂拖车。

7）汽车在装卸货物时，特别是使用起重机械装卸货物时，不允许同时检查和修理汽车，无关人员也不得进入装卸作业区。

8）汽车装卸货物时，汽车与堆放货物的距离一般不得小于 2 m；与滚动货物的距离则不得小于 3 m，以保证货物坠落、滚动时人员能及时撤离。

（14）汽车装载货物，如果随车人员同行，则应坐在指定的安全地点，严禁坐在车厢侧板上或驾驶室顶上，也不得站在车门踏板上，同时严禁在行车时跳上跳下。

（15）铲车在行驶中，无论是空载还是重载，其车铲距地面不得少于 300 mm，但也不得高于 500 mm。

（16）铲车在铲货物时，应先将货物垫起，然后起铲；货物放置要平稳，不得偏重和偏高；起铲后，还应将货物向后倾斜 10°～15°，以增加稳定性。

（17）铲车应根据其倾斜角度确定其载重量，不得超负荷使用。

（18）铲车在铲货物时，无关人员不得靠近，特别是当货物升起时，其下方严禁有人站立和通过，以防货物坠落砸伤人。

（19）严禁任何人站在车铲上或车铲的货物上随车行驶，也不得站在铲车车门上随车行驶。

六、人力车和自行车运输安全要求

工厂内除了采用各种机动车辆运输外，还采用手推车、三轮车等人力车进行运输。此外，许多职工还骑自行车在厂区道路上行驶。因此，必须注意如下安全事项：

（1）手推车的结构要坚固可靠，车体下部应装有停放叉架，以使装卸时保持车体平衡，防止降辕撬起打伤人员；无支架的手推车，在装卸货物时要有人扶住车把，保持车体平衡。

（2）三轮车的结构应牢固可靠，必须装设刹车机构和车铃；传动的链条需装设防护罩。三轮车装载货物时不得超载、超重或偏重，应放置平稳；行驶速度不得过快，更不允许与机动车辆抢道。

（3）自行车一定要有车铃、刹车、链条防护罩等安全装置。

（4）在厂区道路上骑自行车时，严禁带人、双撒把或骑车速度过快，更不得尾随机动车辆或与机动车辆抢道。

（5）在厂房内严禁骑自行车。

七、运输事故典型案例

案例一 无证操作急转弯时翻倒造成人员死亡事故

1. 事故经过

平时的驾驶员没来上班，空出 1 辆叉车，某无驾驶资格证人员违规驾驶该车。当装载着托盘行驶到 90 m 左右的转弯处，在急转弯时叉车翻倒，驾车者头部猛撞到顶部护板的角钢上，又被甩到混凝土路面上，倒下后被压在叉车下面，造成死亡。

2. 事故原因

（1）无驾驶资格证驾驶叉车。

（2）行驶速度过快，拐弯时急转弯。

（3）钥匙没有拔下，管理疏忽。

3. 防范措施

（1）叉车的小转弯机动性比轿车好，因此在转弯时应降低速度。

（2）叉车必须只限于持有驾驶证（特种作业许可证）的人驾驶。

（3）妥善管理叉车，务必注意不要忘记拔下钥匙。

案例二 人被夹在倒退行驶的叉车和板之间

1. 事故经过

驾驶员在倒退行驶时，发现了接近车辆的受害人，便一边慢行一边倒退行驶，之后发现受害人的身影看不到了，驾驶员以为受害人已通过，便直接倒退行驶。但此时受害人正在蹲着数板子的张数，结果头部被夹在车辆后部和板子之间致死。

2. 事故原因

（1）未安装后视镜及倒车蜂鸣器。

（2）报警器发生故障。

（3）驾驶员的安全确认不足。

3. 防范措施

（1）安装后视镜及倒车蜂鸣器。

（2）坚持开始作业前检查，维护不良部位。

（3）驾驶员须充分确认行驶方向的安全。

（4）步行者应迅速避让。

案例三 步行者在工作场地内被撞死亡事故

1. 事故经过

在正式作业开始之前，被安排进行临时作业的驾驶员用货叉叉起14个托盘（高1.95 m），由于这个时间平时没有人，驾驶员驾驶叉车直接前进，不幸撞到偶尔步行至此处的受害人，受害人因出血过多而死亡。

2. 事故原因

（1）驾驶员自认为工作场地内没人，在视野被挡住的情况下仍向前行驶。

（2）未通知相关人员在正式作业前有临时作业，此属管理上的问题。

3. 防范措施

（1）装载货物导致不能确认前方视野时应倒退行驶。

（2）必须在视野被遮挡的情况下行驶时，应安排引导人员，建立完善的安全管理体制。

（3）即使是临时作业，也应制订作业计划，并将作业内容详细通知相关人员。

第五节 防火和防爆

企业防火、防爆是一项十分重要的安全工作。因为一旦发生火灾、爆炸事故，将会给企业带来一定的损失，甚至造成人身伤亡、设备损坏、建筑物破坏，严重时还可能造成停产，而且需要较长时间才能恢复。因此，它不仅要求各级领导和从事具有火灾、爆炸危险工作的职工做好防火、防爆工作，而且要求每一个职工都应做好这项工作。防火、防爆工作是"人人有关、人人有责"的一项工作。例如，有的职工不在工厂指定的安全地点抽烟，或者乱扔没有熄灭的烟头，就有可能引起火灾；使用电气设备，如果不按安全规定而超负荷使用，就有可能烧坏绝缘层，引起火灾；使用汽油、煤油等易燃油类，如果不遵守安全操作规程，也可能引起火灾。类似这些情况还有很多。因此，每个职工都必须掌握防火、防爆的安全基础知识。

一、物质的燃烧

燃烧，就是平常所说的"着火"。一旦失去对燃烧的控制，就会发生火灾，造成危害。要研究防火，需先了解燃烧。为了认识火灾，预防火灾，必须先了解物质燃烧的有关知识。

1. 燃烧的定义

燃烧是可燃物与氧化剂作用发生的放热反应，通常伴有火焰、发光和（或）发烟的现象。放热、发光、生成新物质是燃烧现象的三个主要特征。

2. 燃烧必须具备的条件

任何物质的燃烧，必须具备以下三个条件：

（1）可燃物。一般来说，凡是能在空气、氧气或其他氧化剂中发生燃烧反应的物质都称为可燃物，否则称不燃物。可燃物既可以是单质（如碳、硫、磷、氢、钠、铁等），也可以是化合物或混合物（如乙醇、甲烷、木材、煤炭、棉花、纸、汽油等）。没有可燃物，燃烧是不可能进行的。

（2）点火源。点火源是指具有一定能量，能够引起可燃物质燃烧的能源。点火源有时也称着火源。

点火源的种类很多，主要有以下几种：

1）明火。一是生产用火，如用于气焊的乙炔火焰、电焊火花，加热炉、锅炉中油、煤的燃烧火焰等；二是非生产用火，如烟头火、油灯火、炉灶火等。

2）电火花，如电气设备运行中产生的火花，短路火花、静电放电火花等。

3）冲击与摩擦火花，如砂轮、铁器摩擦产生的火花等。

4）聚集的日光。

由于可燃性物质的不同，着火时所需的温度和热量也各不相同。例如，木材一般加热到350℃时着火，而煤炭一般在400℃时才开始燃烧。

（3）氧化剂。能和可燃物发生反应并引起燃烧的物质，称为氧化剂（传统说法叫"助燃剂"）。如空气（氧气）、氯酸钾、过氧化物等，都是助燃物。可燃物质的燃烧，必须源源不断地供给助燃物，否则就不可能维持燃烧。

以上三个条件，是物质进行燃烧必须具备、缺一不可的。而且它们之间还有一定的量的比例关系，例如可燃性气体在空气中的量不多时，燃烧就不一定发生。此外，它们之间还要相互结合，相互作用，否则就不可能发生燃烧。

二、物质的爆炸

在企业中，爆炸事故也是一种严重的灾害，它不仅可以破坏工厂的设施和设备，而且会带来严重的人员伤亡。特别是由于爆炸的发生不像火灾那样，根本没有初期灭火或疏散等机会。为此，要预防爆炸，也必须了解有关爆炸的基础知识。

1．爆炸的定义

所谓爆炸，是大量能量（物理能量或化学能量）在瞬间迅速释放或急剧转化成机械、光、热等能量形态的现象。但爆炸的本质，则是"压力的急剧上升"。这种压力的上升，有的是由物理因素引起的，有的则是由化学反应或物理、化学综合反应引起的。

爆炸能产生很大的破坏作用。如果是在容器中或在管道内发生，则可以将容器或管道炸开，发出爆炸声，喷出爆炸生成的气体。如果是在建筑物内发生，则可使屋顶飞出，建筑物倒塌。另外，爆炸时不仅会由于热膨胀产生气浪的冲击动力和很高的温度而造成破坏，还有可能点燃可燃物而引起火灾。

2．爆炸的种类

根据上述爆炸的本质和现象，爆炸可区分为物理性爆炸和化学性爆炸两大类。在工厂里，物理性爆炸一般有高压气体的爆炸和锅炉的爆炸等；而化学性爆炸则包括可燃性气体与空气混合物的爆炸、粉尘的爆炸、气体分解的爆炸、混合危险物品引起的爆炸、爆炸性化合物的爆炸等。

（1）可燃性气体、蒸气与空气混合物的爆炸。企业发生的爆炸事故，较为普遍的是可燃性气体、蒸气与空气相混合后遇到火源而产生的爆炸。可燃性气体，主要有氢、乙炔、天然气、煤气、液化石油气等；可燃蒸气，主要有汽油、苯、酒精、乙醚等可燃性液体产生的蒸气。这些气体和蒸气与空气混合达到一定浓度时，在点火源的作用下会发生爆炸。这种可燃物质在空气中形成爆炸混合物的最低浓度叫作爆炸下限，最高浓度叫作爆炸上限。浓度在爆炸上限和爆炸下限之间，都能发生爆炸，这个浓度范围叫作该物质的爆炸极限。如一氧化碳的爆炸极限是 12.5%～74.5%。当空气中一氧化碳的浓度小于 12.5% 时，用火去点，这种混合物不燃烧也不爆炸；当一氧化碳的浓度达到 12.5% 时，混合物遇点火源能轻度爆燃；当一氧化碳的浓度稍高于 29.5% 时，接触火源会发生威力很大的爆炸；当一氧化碳的浓度达到 74.5% 时，爆炸现象与浓度为 12.5% 时差不多；当一氧化碳的浓度超过 74.5% 时，遇火源则不燃烧、不爆炸。

爆炸极限在安全管理工作中有很大的实际意义，可以概括为以下三个方面：①可用来评定可燃气体和可燃液体燃爆危险性的大小，作为可燃气体分级和确定其火灾危险性类别的标准。一般把爆炸下限小于 10% 的可燃气体划为一级可燃气体，其火灾危险性列为甲类。②可作为设计依据。例如，确定建筑物的耐火等级、设计厂房通风系统、防爆电气元器件选型等，都需要知道该场所可燃气体（蒸气）的爆炸极限。③可作为制定安全生产操作规程的依据。在生产和使用可燃气体和液体的场所，应根据其燃爆危险性及其他理化性质，采取相应的防爆措施，如通风、惰性气体稀释、置换、检测报警等，以保证将生产场所可燃气体（蒸气）浓度严格控制在爆炸下限以下。

（2）粉尘爆炸。在企业的生产过程中，有些工艺会产生可燃性固体粉尘或者可燃液体的雾状飞沫。当它们分散在空气中或助燃性气体中，如果达到某种浓度，遇到火源就会发生粉尘爆炸。例如镁、钛、铝、锌、塑料、木材、麻、煤等粉尘。又如油压设备在高压下喷出机械油之后，由于空气中含有大量油雾，也能引起爆炸。

粉尘混合物和易燃易爆气体、蒸气与空气混合物一样，也有爆炸极限。当粉尘混合物达到爆炸下限时，所含粉尘已经相当多。至于爆炸上限，在大多数场合都不会达到，所以没有实际意义。粉尘的爆炸极限，一般指爆炸下限，通常以 g/m^3 表示。

（3）爆炸性化合物的爆炸。爆炸性化合物主要是指各种炸药。一般企业比较少用，但有的也用，如雷管、TNT、硝酸甘油、苦味酸等。这类爆炸性化合物，一定要按照专门的规定运输、使用、保管，否则极易发生爆炸。

（4）锅炉爆炸。锅炉是企业用来产生高温高压水蒸气的动力设备。它的功能是把锅炉内的水加热到100℃以上，使其成为高温高压水蒸气。锅炉是高压容器，存在着破裂的危险。锅炉工作时内部压力升高，由于锅炉本身腐蚀、疲劳裂纹、烧损或者过热等原因，会引起锅炉爆炸。锅炉爆炸时，高温高压下的水突然降到正常的大气压，从而迅速蒸发为水蒸气，这时其体积急剧膨胀，具有很大的爆炸威力。这种爆炸类似于炸药或者混合性气体发生的爆炸，具有很大的破坏力，可以破坏设备、厂房或造成人员伤亡。

三、防火、防爆的基本措施

1. 防火、防爆的技术措施

（1）防止形成燃爆的介质。可以用通风的方法来降低燃爆物质的浓度，使它达不到爆炸极限；也可以用不燃或难燃物质来代替易燃物质。例如用水质清洗剂来代替汽油清洗零件，这样既可以防止火灾、爆炸，还可以防止汽油中毒。另外，也可采用限制可燃物的使用量和存放量的措施，使其达不到燃烧、爆炸的危险限度。

（2）防止产生着火源，使火灾、爆炸不具备发生的条件。应严格控制冲击摩擦、明火、高温表面、自燃发热、绝热压缩、电火花、静电火花、光热射线等着火源。

（3）安装防火、防爆安全装置，如阻火器、防爆片、防爆窗、阻火闸门以及安全阀等。

2. 防火、防爆的组织管理措施

（1）加强对防火、防爆工作的管理。各级领导干部都要重视这项工作。

（2）开展经常性防火、防爆安全教育和安全大检查，提高人们的警惕性，及时发现和整改不安全的隐患。

（3）建立健全防火、防爆制度，例如防火制度、防爆制度、防火防爆责任制度等。

（4）厂区内、厂房内的一切出入和通往消防设施的通道，不得占用和堵塞。

（5）各单位应建立义务消防组织，并配备有针对性强和足够数量的消防器材。

（6）加强值班值宿，严格进行巡回检查。

3. 生产工人应遵守的防火、防爆守则

（1）应具有一定的防火、防爆知识，并严格贯彻执行防火、防爆规章制度。禁止违章作业。

（2）应在指定的安全地点吸烟，严禁在工作现场和厂区内吸烟和乱扔烟头。

（3）使用、运输、储存易燃易爆气体、液体和粉尘时，一定要严格遵守安全操作规程。

（4）在工作现场禁止随便动用明火。确需使用时，必须报请主管部门批准，并做好安全防范工作。

（5）对于使用的电气设施，如发现绝缘破损、严重老化、超负荷以及不符合防火、防爆要求时，应停止使用，并报告领导给予解决；不得带故障运行，防止发生火灾、爆炸事故。

（6）应学会使用一般的灭火工具和器材。对于车间内配备的防火防爆工具、器材等，应加爱护，不得随便挪用。

四、火灾扑救

（一）灭火的基本原理和方法

一切灭火方法都是为了破坏已经产生的燃烧条件，只要失去其中任何一个条件，燃烧就会停止。但由于在灭火时燃烧已经开始，控制火源已经没有意义，主要是消除前两个条件，即可燃物和氧化剂。

根据物质燃烧原理及灭火的实践经验，灭火的基本方法有：减少空气中氧含量的窒息灭火法，降低燃烧物质温度的冷却灭火法，隔离与火源相近的可燃物质的隔离灭火法，消除燃烧过程中自由基的化学抑制灭火法。

1. 窒息灭火法

此法即阻止空气流入燃烧区，或用惰性气体稀释空气，使燃烧物质因得不到足够的氧气而熄灭。

在火场上运用窒息法灭火时，可采用石棉布、浸湿的棉被、帆布、海草席、沙土等不燃或难燃材料覆盖燃烧物或封闭孔洞；用水蒸气、惰性气体通入燃烧区域内；利用建筑物上原来的门、窗以及生产、储运设备上的盖、阀门等封闭燃烧区，阻止新鲜空气流入等。此外，在万不得已而条件又许可的情况下，也可采取用水淹没（灌注）的方法灭火。

采用窒息灭火法，需注意以下几个问题：

（1）此法适用于扑救燃烧部位空间较小，容易堵塞封闭的房间、生产及储运设备内发生的火灾，而且燃烧区域内应没有氧化剂存在。

（2）在采用水淹法灭火时，必须考虑到水与可燃物质接触后是否会产生不良后果，如有则不能用。

（3）采用此法时，必须在确认火已熄灭后，方可打开孔洞进行检查。严防因过早打开封闭的房间或设备而使新鲜空气流入，导致"死灰复燃"。

2. 冷却灭火法

此法是常用的灭火方法。即将灭火剂直接喷洒在燃烧着的物体上，将可燃物质的温度降到燃点以下以终止燃烧；也可用灭火剂喷洒在火场附近未燃的可燃物上起冷却作用，防止其受辐射热影响升温而起火。

3. 隔离灭火法

这也是常用的灭火方法之一。即将燃烧物质与附近未燃的可燃物质隔离或疏散开，使燃烧因缺少可燃物质而停止。这种灭火方法适用于扑救各种固体、液体和气体火灾。

隔离灭火法常用的具体措施有：

（1）将可燃、易燃、易爆物质和氧化剂从燃烧区移出至安全地点。

（2）关闭阀门，阻止可燃气体、液体流入燃烧区。

（3）用泡沫覆盖已着火的可燃液体表面，把燃烧区与可燃液体表面隔开，阻止可燃蒸气进入燃烧区。

（4）拆除与燃烧物相连的易燃建筑物。

（5）在着火林区周围挖隔离沟。

（6）用水流、泥浆或用爆炸等方法封闭井口，扑救油气井喷火灾。

窒息、冷却、隔离灭火法，在灭火过程中，灭火剂不参与燃烧反应，属于物理灭火方法。

4. 化学抑制灭火法

化学抑制灭火法是使灭火剂参与到燃烧反应中去，起到抑制反应的作用。具体说就是使燃烧反应中产生的自由基与灭火剂中的卤素离子相结合，形成稳定分子或低活性的自由基，从而切断氢自由基与氧自由基的联锁反应链，使燃烧停止。

根据上述四种基本灭火方法所采取的具体灭火措施是多种多样的。在灭火中，应根据可燃物的性质、燃烧特点、火灾大小、火场的具体条件以及消防技术装备的性能等实际情况，选择一种或几种灭火方法。一般来说，几种灭火方法综合运用效果较好。

（二）常用灭火器的类型和使用方法

灭火器是扑灭初起火灾的重要工具，是最常用的灭火器材。它具有灭火速度快、轻便灵活、实用性强等特点，因而应用范围非常广。通常用于扑灭初起火灾的灭火器类型较多，使用时必须针对火灾燃烧物质的性质，否则会适得其反，有时不但灭不了火，而且还会发生爆炸，所以必须熟练地掌握使用灭火器的一些基本知识。

1. 火灾的分类

根据《建筑灭火器配置设计规范》（GB 50140—2005），灭火器扑救可燃物质火灾划分为以下几种类型：

（1）A 类火灾：固体物质火灾。如木材、棉、毛、麻、纸张等燃烧的火灾。

（2）B 类火灾：液体火灾或可熔化固体物质火灾。如汽油、煤油、柴油、甲醇、乙醚、丙酮等燃烧的火灾。

（3）C 类火灾：气体火灾。如煤气、天然气、甲烷、丙烷、乙炔、氢气等燃烧的火灾。

（4）D 类火灾：金属火灾。如钾、钠、镁、钛、锆、锂、铝镁合金等燃烧的火灾。

（5）E 类火灾：带电火灾。指物体带电燃烧的火灾。

2. 灭火器的使用方法

正确使用灭火器，是保证及时迅速扑灭初起火灾的关键。灭火器的种类很多，主要有：清水灭火器、酸碱灭火器、泡沫灭火器、二氧化碳灭火器和干粉灭火器等。下面介绍几种最常用的灭火器的使用方法及适用范围。

（1）二氧化碳灭火器

二氧化碳灭火器充装液态二氧化碳，利用气化的二氧化碳灭火。

1）适用范围。主要用于扑救贵重设备、仪器仪表、档案资料、600 V 电压以下的电气设备及油类等初起火灾。用于扑救棉麻、化纤织物时，要注意防止复燃。

2）使用方法。手提灭火器提把，或把灭火器放在距离起火点 5 m 处，拔下保险销，一只手握住喇叭形喷筒根部手柄（不要用手直接握喷筒式金属管，以防冻伤），把喷筒对准火焰，另一只手压下压把，二氧化碳即喷射出来。当扑救流动液体火灾时，应使二氧化碳射流由近而远向火焰喷射，如果燃烧面积较大，操作者可左右摆动喷筒，直至把火扑灭。灭火过程中灭火器应保持直立状态。注意：

使用二氧化碳灭火器时，要避免逆风使用，以免影响灭火效果。

（2）干粉灭火器

干粉灭火器是用二氧化碳气体提供动力喷射干粉的灭火器材。目前我国主要生产碳酸氢钠干粉灭火器和磷酸铵盐干粉灭火器。由于碳酸氢钠干粉只适用于扑救 B、C 类火灾，所以碳酸氢钠干粉灭火器又称为 BC 干粉灭火器；磷酸铵盐干粉适用于扑救 A、B、C 类火灾，所以磷酸铵盐干粉灭火器又称为 ABC 干粉灭火器。

1）适用范围。干粉灭火器主要用来扑救石油及其产品，有机溶剂等易燃液体、可燃气体和电气设备的初起火灾。

2）使用方法。手提灭火器把，在距离起火点 3~5 m 处将灭火器放下（在室外使用时注意占据上风方向），先将灭火器上下颠倒几次，使筒内干粉松动，拔下保险销，一只手握住喷嘴，使其对准火焰根部，另一只手用力按下压把，干粉便会从喷嘴喷射出来。注意应左右喷射，不能上下喷射。灭火过程中应保持灭火器直立状态，不能横卧或颠倒使用。

（3）泡沫灭火器

1）适用范围。泡沫灭火器适宜扑灭油类及一般物质的初起火灾。

2）使用方法。使用时，用手握住灭火器的提环，平稳、快捷地提往火场，不要横扛、横拿。灭火时，一手握住提环，另一手握住筒身的底边，将灭火器颠倒过来，喷嘴对准火源，用力摇晃几下，即可灭火。

3. 灭火器使用时的注意事项

（1）不要将灭火器的盖与底对着人体，防止盖、底弹出伤人。

（2）不要与水同时喷射在一起，以免影响灭火效果。

（3）扑灭电气火灾时，尽量先切断电源，防止人员触电。

五、火灾、爆炸事故典型案例

案例一　异丁醛储罐闪爆烧伤两人事故

1. 事故经过

某生产装置停车检修及更换催化剂期间，8 月 17 日晚 19 时 30

分，在没有分析罐内是否置换合格的情况下，联系检修人员打开异丁醛储罐人孔。打开人孔后，发现罐内有残存物料，车间决定在次日早上处理。8月18日凌晨2时15分左右，异丁醛储罐人孔处发生闪爆，生产主任指挥现场人员处理，封堵人孔。在封堵人孔时，储罐再次发生闪爆，火焰从人孔法兰间隙窜出，造成两人烧伤。

2. 事故原因

（1）车间针对异丁醛储罐检修前处理的置换方案有漏洞，置换用介质及方法存在问题，造成罐内液体残留。

（2）在拆开异丁醛储罐人孔前，没有按检修方案进行取样分析。打开人孔端盖后，罐内残存异丁醛挥发，与空气中的氧反应放热，并达到闪爆条件而发生闪爆。

（3）打开人孔后，发现异丁醛储罐内存有异丁醛残液，未及时妥善处理，并在闪爆后采取了错误的封堵人孔的做法。

3. 事故教训及防范措施

（1）要严密制定罐体清洗置换方案，并严格执行。

（2）要加强对员工应急处理能力的训练，加强对员工基础安全知识、装置基本安全知识的培训，使员工掌握装置物料特性，能及时、正确处理突发事件。

案例二　焊补柴油柜爆炸事故

1. 事故经过

某拖拉机厂一辆汽车装载的柴油柜，出油管在接近油阀的部位损坏，需要焊补。操作人员将柜内柴油放完之后，未加清洗，只打开入孔盖就进行焊补，结果发生爆炸，造成3人死亡。

2. 事故原因

（1）油柜中的柴油放完之后，柜壁内表面仍有油膜存留，并向柜内挥发油气，与进入的空气形成爆炸性混合气体，被焊接高温引爆。

（2）焊工未采取相应安全措施就盲目焊补，酿成安全事故。

3. 事故教训及防范措施

（1）柴油柜焊接前必须进行置换处理，达到清洗合格标准后才能焊补。

（2）焊补时应将油柜所有盖、阀门打开，并通压缩空气。

（3）加强对职工的安全教育培训，制定相应的安全操作规程，加强监督管理。

第六节　安全色与安全标志

不同的颜色具有不同的感受，人们正是利用这些感受来进行色彩的调节，采用"安全色彩"来制定各种"安全标志"，服务于生产，服务于人们。

安全色和安全标志是用特定的颜色和标志，从保证安全需要出发，采用一定的形象醒目的形式给人们以提示、提醒、指示、警告或命令。我国颁布了《安全色》和《安全标志及其使用导则》国家标准，其目的是使人们迅速地发现或分辨出安全标志，避免进入危险场所或做出有危险的行为；一旦遇到紧急情况时，能及时、正确地采取应急措施，或安全撤离现场；还可以提醒我们在生产过程中要遵纪守法、小心谨慎、注意安全。

一、安全色与对比色

1. 安全色的含义及用途

安全色是表达"禁止""警告""指令"和"提示"等安全信息含义的颜色，必须要求引人注目和易于辨认。我国国家标准《安全色》（GB 2893—2008）规定，安全色采用红、蓝、黄、绿四种颜色，见表3—1。这四种颜色的特性如下：

（1）红色。红色很醒目，使人们在心理上会产生兴奋感和刺激性。红色光波较长，不易被尘雾所散射，在较远的地方也容易辨认，即红色的注目性非常高，视认性也很好，所以用其表示危险、禁止和紧急停止的信号。

（2）蓝色。蓝色的注目性和视认性虽然都不太好，但与白色相配合使用效果不错，特别是在太阳光直射的情况下较明显，因而被选用为指令标志的颜色。

表 3—1　　　　　　　　安全色的含义及用途

颜色	含义	用途举例
红色	传递禁止、停止、危险或提示消防设备、设施的信息	消防设备标志 危险信号旗 停止信号：机器、车辆上的紧急停止手柄或按钮，以及禁止人们触动的部位
蓝色	传递必须遵守规定的指令性信息	如必须佩戴个人防护用具 道路上指引车辆和行人行进方向的指令
黄色	传递注意、警告的信息	如厂内危险机器和坑池边周围的警戒线 行车道中线 机械上齿轮箱内部 安全帽
绿色	传递安全的提示性信息	车间内的安全通道 行人和车辆通行标志 消防设备和其他安全防护设备的位置

注：1. 蓝色只有与几何图形同时使用时，才表示指令。

2. 为了不与道路两旁的绿色行道树相混淆，道路上的提示标志用蓝色。

（3）黄色。黄色对人眼能产生比红色更高的明度，黄色与黑色组成的条纹是视认性最高的色彩，特别能引起人们的注意，所以被选用为警告色。

（4）绿色。绿色的视认性和注目性虽然都不高，但绿色是新鲜、年轻、青春的象征，具有和平、久远、生长、安全等心理效应，所以用绿色提示安全信息。

2. 对比色规定

为使安全色更加醒目，使用对比色为其反衬色。对比色为黑白两种颜色。对于安全色来说，什么颜色的对比色用白色，什么颜色的对比色用黑色，取决于该色的明度，两色明度差别越大越好。所以黑白互为对比色，红、蓝、绿色的对比色定为白色，黄色的对比色定为黑色，见表 3—2。

表3—2　　　　　　　　　安全色的对比色

安全色	相应的对比色	安全色	相应的对比色
红色	白色	黄色	黑色
蓝色	白色	绿色	白色

在运用对比色时，黑色用于安全标志的文字、图形符号和警告标志的几何边框；白色既可以用于红、蓝、绿的背景色，也可以用作安全标志的文字和图形符号。

3. 安全色与对比色的相间条纹

用安全色和其对比色制成的间隔条纹标示，能显得更加清晰醒目。间隔的条纹标示有红色与白色相间条纹、黄色与黑色相间条纹、蓝色与白色相间条纹和绿色与白色相间条纹，相间条纹为等宽条纹，倾斜约45°。常用间隔条纹标示的含义与用途见表3—3。

表3—3　　　　　　　常用间隔条纹标示的含义与用途

颜色	含义	用途举例
白色　　红色	禁止越过 提示消防设备、设施位置	道路上用的防护栏杆
黄色　　黑色	警告危险	工矿企业内部的防护栏杆 铁路和道路的交叉道口上的防护栏杆

二、安全标志

1. 安全标志的定义和作用

安全标志是用以表达特定安全信息的标志，由安全色、几何形状（边框）和图形符号构成。其作用是要引起人们对不安全因素的注意，以达到预防事故发生的目的。因此要求安全标志含义简明、清晰易辨、引人注目。安全标志应尽量避免过多的文字说明，甚至不用文字说明，也能使人们一看就知道它所表达的信息含义。《安全标志及其使用导则》（GB 2894—2008）中，安全标志分禁止标志、警告标志、指令标志和提示标志四大类。

（1）禁止标志。禁止标志的含义是禁止人们的不安全行为，见文后彩图。

（2）警告标志。警告标志的含义是提醒人们对周围环境引起注意，以避免可能发生的危险，见文后彩图。

（3）指令标志。指令标志的含义是强制人们必须做出某种动作或采取防范措施，见文后彩图。

（4）提示标志。提示标志的含义是向人们提供某种信息（如标明安全设施或场所等），见文后彩图。

2. 使用安全标志的相关规定

安全标志在安全管理中的作用非常重要，一些作业场所或者有关设备、设施存在较大的危险因素，职工或不清楚或常常忽视，如果不采取一定的措施加以提醒，可能造成严重的后果。因此，在有较大的危险因素的生产经营场所或者有关设施、设备上设置明显的安全标志，以提醒、警告职工，使他们能时刻清醒认识所处环境的危险性，提高注意力，加强自身安全保护，对于避免事故发生将起到积极的作用。

在设置安全标志方面，相关法律法规已有诸多规定。如《安全生产法》第32条规定："生产经营单位应当在有较大危险因素的生产经营场所和有关设施、设备上，设置明显的安全警示标志。"《建设工程安全生产管理条例》第28条规定："施工单位应当在施工现场入口处、施工起重机械、临时用电设施、脚手架、出入通道口、楼梯口、电梯井口、孔洞口、桥梁口、隧道口、基坑边沿、爆破物及有害危险气体和液体存放处等危险部位，设置明显的安全警示标志。安全警示标志必须符合国家标准。"

第四章　职业卫生基础知识

第一节　职业病危害因素分类

不同的工作条件存在各种职业性有害因素，在一定条件下，它们会对健康产生不良影响，导致职业性病损。这些有害因素一般可以归纳为以下几类：

一、生产工艺过程中产生的有害因素

1. 化学因素

（1）有毒物质。生产性毒物主要包括铅、锰、铬、汞、有机氯农药、有机磷农药、一氧化碳、二氧化碳、硫化氢、甲烷、氨、氮氧化物等。接触或在这些毒物的环境中作业，可能引起多种职业中毒，如汞中毒、苯中毒等。

（2）生产性粉尘。生产性粉尘主要包括滑石粉尘、铅粉尘、木质粉尘、骨质粉尘、合成纤维粉尘等。长期在这类生产性粉尘的环境中作业，可能引起各种尘肺，如石棉肺、煤肺、金属肺等。

2. 物理因素

（1）噪声和振动。强烈的噪声作用于听觉器官，可引起职业性耳聋等疾病；长期在强烈振动环境中作业，会引起振动病。

（2）非电离辐射，如紫外线、红外线、射频辐射、激光等。

（3）异常气象条件，如高温、高湿、低温。

（4）异常气压。包括高气压和低气压。潜水作业在高压下进行，可能引发减压病；高山和航空作业，可能引发高山病或航空病。

（5）电离辐射，包括放射性同位素、放射线（如 X 射线、γ 射线等）。

3．生物因素

如附着在皮毛上的炭疽杆菌、蔗渣上的真菌等。

二、劳动过程中的有害因素

（1）工作组织和制度不合理，如不合理的工作作息制度等。

（2）精神（心理）性职业紧张。

（3）劳动强度过大或生产定额不当，如安排的作业或任务与劳动者生理状况或体力不相适应。

（4）个别器官或系统过度紧张，如视力紧张等。

（5）长时间处于不良体位或使用不合理的工具，如不符合人机工效学设计要求的显示装置、控制台和座椅等。

三、生产环境中的有害因素

（1）自然环境中的因素，如炎热季节的太阳辐射。

（2）厂房建筑或布局不合理，如采光照明不足，通风不良，有毒与无毒的工段安排在同一车间等。

（3）工作过程不合理或管理不当所致环境污染，如氯碱厂泄漏氯气，使处于下风侧的无毒生产岗位的工人吸入了氯气。

第二节　尘肺危害及预防

一、生产性粉尘

1．生产性粉尘的定义

生产性粉尘是指在生产中形成的、并能长时间悬浮在空气中的固体微粒。在金属的研磨、切削，矿石或岩石的钻孔、爆破、破碎、磨粉，以及粮谷加工等过程中，均可有大量粉尘外溢。生产性粉尘对人体有多方面的不良影响，尤其是含有游离二氧化硅的粉尘，能引起严重的职业病——硅肺。

2．生产性粉尘的分类

生产性粉尘根据其性质可分为以下三类：

（1）无机性粉尘

1）矿物性粉尘，如煤尘、硅石、石棉、滑石等。

2）金属性粉尘，如铁、锡、铝、铅、锰等。

3）人工无机性粉尘，如水泥、金刚砂、玻璃纤维等。

（2）有机性粉尘

1）植物性粉尘，如棉、麻、面粉、木材、烟草、茶等。

2）动物性粉尘，如兽毛、角质、骨质、毛发等。

3）人工有机粉尘，如有机燃料、炸药、人造纤维等。

（3）混合性粉尘

混合性粉尘指上述各种粉尘混合存在。在生产环境中，最常见的是混合性粉尘。

3．生产性粉尘的致病机理

生产性粉尘的理化性质不同，对人体的危害性质和程度也不同。在卫生学上有意义的粉尘理化性质有分散度、溶解度、密度、形状、硬度、荷电性、爆炸性和粉尘的化学成分等。此外，生产性粉尘对人体的危害受粉尘吸入量及其毒性以及个体差异的影响。

一般只有几微米以下的细小粉尘能进入肺泡导致慢性肺脏疾病。粉尘进入肺泡后，肺泡内的巨噬细胞视粉尘为异物将其吞噬，导致一系列复杂的肌体反应，促使肺组织纤维化，使受影响的肺泡逐渐失去换气功能而"死亡"。当有大量肺泡"死亡"时，最终可导致尘肺病，人将感觉胸闷、呼吸困难。尘肺病有许多并发症，如肺气肿、感染、肺结核等，病人最终往往因无法呼吸而死亡。

一般认为，硅肺的发生和发展与从事接触硅尘作业的工龄、粉尘中游离二氧化硅的含量、二氧化硅的类型、生产场所粉尘浓度、分散度、防护措施以及个体条件等有关。劳动者一般在接触硅尘 $5 \sim 10$ 年才发病，有的可长达 $15 \sim 20$ 年。接触高浓度游离二氧化硅的粉尘，也有 $1 \sim 2$ 年发病的。其机理是由于硅尘进入肺内后，引起肺泡的防御反应，成为尘细胞。其基本病变是硅结节的形成和弥漫性间质纤维增生，主要引起肺纤维化改变。

4．生产性粉尘引起的职业病

生产性粉尘的种类繁多，理化性质不同，对人体所造成的危害也是多种多样的。就其病理性质可概括为如下几种：

（1）全身中毒性，如铅、锰、砷化物等粉尘。

（2）局部刺激性，如生石灰、漂白粉、水泥、烟草等粉尘。

（3）变态反应性，如大麻、黄麻、面粉、羽毛、锌烟等粉尘。

（4）光感应性，如沥青粉尘。

（5）感染性，如破烂布屑、兽毛、谷粒等粉尘有时附有病原菌。

（6）致癌性，如铬、镍、砷、石棉及某些光感应性和放射性物质的粉尘。

（7）尘肺，如煤尘、硅尘、硅酸盐尘。

二、尘肺病

生产性粉尘引起的职业病中，以尘肺最为严重。自 20 世纪 50 年代我国建立职业病报告制度以来，已累计报告尘肺病人 58 万多例，其中死亡 14 万多例，目前还呈不断增长的趋势。

尘肺是人们在工农业生产中由于长期吸入生产性粉尘而引起的以肺组织纤维病变为主的全身性疾病。《职业病分类和目录》列出了 13 种法定尘肺，即硅肺、煤工尘肺、石墨尘肺、炭黑尘肺、石棉肺、滑石尘肺、水泥尘肺、云母尘肺、陶工尘肺、铝尘肺、电焊工尘肺、铸工尘肺以及根据《尘肺病诊断标准》和《尘肺病理诊断标准》可以诊断的其他尘肺病。各种尘肺的致病粉尘及易发工种见表 4—1。

表 4—1　　　　各种尘肺的致病粉尘及易发工种

尘肺	致病粉尘	易发工种
硅肺	硅尘（在我国可理解为含游离二氧化硅 10% 以上的粉尘）	采矿、建材（耐火、玻璃、陶瓷）、铸造、石粉加工工业中的各种接尘工种均可发生。其中最典型的是由石英粉尘引起的硅肺，发病率高，发病工龄短，进展快，病死率高，是危害最严重的尘肺
煤工尘肺	煤尘、岩石尘、煤岩混合尘	主要发生在煤矿的采煤工、选煤工、煤炭运输工、岩巷掘进工、混合工（主要是采煤和岩石掘进的混合）

续表

尘肺	致病粉尘	易发工种
石墨尘肺	石墨尘	石墨开采与石墨制品（坩埚、电极、电刷）各工种
炭黑尘肺	炭黑尘	生产和使用（橡胶、油漆、电池）炭黑的各工种
石棉肺	石棉尘	主要是石棉厂、石棉制品厂的各工种，以及石棉矿的采矿工和选矿厂的选矿工
滑石尘肺	滑石尘	滑石开采选矿、粉碎各工种及使用滑石粉的工种
水泥尘肺	水泥尘	水泥厂以及水泥制品厂中的接尘工种
云母尘肺	云母尘	开采云母和云母制品的各工种
陶工尘肺	陶瓷原料、坯料（混合料）及匣钵料粉尘	陶瓷厂中的原料工、成型工、干燥工、烧成工、出窑工等
铝尘肺	金属铝尘、氧化铝尘	炼铝和生产氧化铝的工种
电焊工尘肺	电焊烟尘	各类工业中的电焊工，其中以造船厂、锅炉厂中在密闭场所作业的电焊工最易发
铸工尘肺	铸造尘（型砂尘）	主要有型砂工、选型工、清砂工、喷砂工
其他尘肺	其他粉尘	根据《尘肺诊断标准》和《尘肺病理诊断标准》可诊断的尘肺

三、引发尘肺的主要因素

职工在粉尘场所从事生产劳动时引起的尘肺病，主要与下列因素有关：

（1）与该粉尘在作业场所空气中的含量有关。含量越高，越容易引发尘肺病，发病时间也越短，病变速度也越快。

（2）与粉尘的粒径和性质有关。粒径越小，越容易通过人体的呼吸道而进入肺泡，并沉积于其中。化学活性越强，越易引起肺组织纤维病变。

（3）与接触粉尘的时间有关。作业场所粉尘浓度越高，接触粉尘累计时间越长，吸入粉尘的量越大，引发尘肺的机会越多。

（4）与从事的劳动强度有关。劳动强度越大，人体新陈代谢的耗能速度越快，吸入空气的数量增多，肺泡中沉积粉尘的量越大。

（5）与人体因素和防护有关。同种作业环境下，体质差的人、患有慢性病的人更易引发尘肺病。同样作业环境下，不使用个体防护用具和使用不当者，较正确使用个体防护用具者易患尘肺。

四、尘肺的预防

尘肺是完全可以预防的，关键在于防尘。防尘工作做好了，劳动环境中的粉尘浓度就会大幅度下降，达到国家规定的卫生标准，就基本上可以防止尘肺的发生。防尘的主要措施有以下几种：

1．工艺技术措施

（1）改革工艺过程，革新生产设备，是消除粉尘危害的根本途径。应从生产工艺设计、设备选择，以及产尘工艺装备在出厂前就应由达到防尘要求的设备组成等各个环节做起。如采用封闭式风力管道运输、负压吸砂等消除粉尘飞扬，用无硅物质代替石英等。

（2）湿式作业是一种经济易行的防止粉尘飞扬的有效措施，凡是可以湿式生产的作业均可使用。例如，矿山的湿式凿岩、冲刷巷道、净化进风等，石英、矿石等的湿式粉碎或喷雾洒水，玻璃陶瓷业的湿式拌料，铸造业的湿砂造型、湿式开箱清砂、化学清砂等。

（3）密闭、吸风、除尘。对不能采取湿式作业的产尘岗位，应采用密闭吸风除尘方法。凡是产生粉尘的设备均应尽可能密闭，并用局部机械吸风，使密闭设备内保持一定的负压，防止粉尘外溢。抽出的含尘空气必须经过除尘净化处理才能排出，避免大气污染。

2．自我防护措施

在进行工艺改革和采取防尘技术措施控制扬尘的同时，还必须从以下几个方面做好自防工作：

（1）加强个体防护。在生产环境粉尘浓度暂时不能降到容许浓度以下时，佩戴防尘口罩（见图4—1）防止粉尘危害就成为重要的防护措施。正确使用其他防护用品也是防止粉尘接触的有效手段。

（2）保护尘肺患者能享受国家政策允许的应有待遇，应对其进行劳动能力鉴定，并妥善安置。

（3）加强硅肺患者的自身抵抗力，如经常到空气新鲜的地方锻炼身体；有条件

图4—1　防尘口罩

的应定期疗养，加强食物营养，经常吃些蛋白质、维生素含量较高的食物。

（4）定期体检，目的在于早期发现粉尘对健康的损害。若发现员工有不宜从事粉尘作业的疾病时，应及时调离。对新从事粉尘作业的工人，必须进行健康检查，目的主要是发现粉尘作业职业禁忌证并保存健康资料。

第三节　职业中毒危害及预防

一、职业中毒

1. 职业中毒的定义

职业中毒是指劳动者在生产过程中过量接触生产性毒物引起的中毒。

例如，一个工人在生产过程中遇到大量氯气泄漏，而又因种种原因未能采取有效的个人防护，吸入高浓度氯气，产生胸闷、憋气、剧烈的咳嗽和痰中带血，这就构成了氯气中毒。由于它是在生产过程中形成的，与所从事的作业密切相关，所以称为职业中毒。

2. 生产性毒物进入人体的途径

生产性毒物进入人体的途径有三种，分别是呼吸道、皮肤和消化道，其中最主要的途径是经呼吸道进入人体，其次是经皮肤进入人体，经消化道进入人体仅在特殊的情况下发生。

（1）经呼吸道进入人体。呼吸道是工业生产中毒物进入体内的最重要的途径。凡是以气体、蒸气、雾、烟、粉尘形式存在的毒物，均可经呼吸道侵入人体内。人的肺脏由亿万个肺泡组成，肺泡壁很薄，壁上有丰富的毛细血管，毒物一旦进入肺脏，很快就会通过肺泡壁进入血液循环而被运送到全身。

（2）经皮肤进入人体。在工业生产中，毒物经皮肤吸收引起中毒也比较常见。皮肤有损伤或患有皮肤病时，毒物更容易通过皮肤进入人体，促进毒物经皮肤吸收。毒物经皮肤吸收后，并不经过肝脏转化、解毒，而是直接进入血液循环而分布于全身。

（3）经消化道进入人体。在生产环境中毒物经消化道进入人体较为少见。毒物经消化道吸收多半是由于个人卫生习惯不良而引起的，如手沾染的毒物随进食、饮水或吸烟等进入消化道。进入呼吸道的难溶性毒物被清除后，可经由咽部而进入消化道。

3．职业中毒的类型

职业中毒按发病过程可分为以下三种类型：

（1）急性中毒。毒物一次或短时间内大量进入人体所致，多数由生产事故或违反操作规程所引起。

（2）慢性中毒。毒物长期、小量进入人体所致，绝大多数是由毒物的蓄积作用引起的。

（3）亚急性中毒。亚急性中毒介于以上两者之间，是在短时间内有较大量毒物进入人体所产生的中毒现象。

4．职业接触生产性毒物的机会

（1）正常生产过程。在存在生产性毒物的生产过程中，很多生产工序和操作岗位可接触到毒物。例如：从装置内取样，样品可挥发溢出；在罐顶检查储罐储存量、进入装置设备巡检、清釜清罐、加料、包装、储运和对原材料、半成品、成品进行质量检验分析时，均可接触到有关的化学毒物；装置排污、污水处理等，可增加接触毒物的机会。

（2）检修与抢修。生产过程中，工艺设备复杂，需要定期进行检修，发生事故时需要立即进行抢修。如进入塔、釜、罐检修前，应对设备进行吹扫置换，排出有害气体。

（3）意外事故。许多生产过程中，具有高温、高压、易燃、易爆、有毒、有害因素多的特点，一旦发生意外事故，往往造成大量毒物泄漏。

二、常见的职业中毒

1. 铅中毒

（1）铅中毒的危害。铅及其化合物都具有一定的毒性，进入机体后对神经、造血、消化、肾脏、心血管和内分泌等多个系统产生危害。目前常见的铅中毒大多属于轻度慢性铅中毒，主要病变是铅对体内金属离子和酶系统产生影响，引起植物神经功能紊乱、贫血、免疫力低下等。铅中毒会对人体很多脏器产生影响，其表现包括恶心、呕吐、食欲不振、腹胀、便秘、便血、腹绞痛、眩晕、烦躁不安、失眠、嗜睡、易激动、面色苍白、心悸、气短、腰痛、水肿、蛋白尿、血尿、管型尿等，严重者还可出现肾衰竭。若孕妇在怀孕期间不慎铅中毒，还会造成流产、死胎或畸形儿的后果。

交警、司机以及工作在铅冶炼、蓄电池、油漆、颜料、塑料、印刷、石油、化工、电子等行业的工作人员，是易受铅污染危害的人群。

（2）预防铅中毒的措施：

1）用无毒物质或者低毒物质代替铅。

2）加强通风和烟尘回收来降低空气中的铅浓度。

3）定期测定车间空气中的铅浓度。

4）加强个人防护，建立定期检查制度。如作业人员必须穿工作服、戴过滤式防尘口罩；严禁在车间内吸烟、进食；班中吃东西或喝水必须洗手、洗脸及漱口，严禁穿工作服进食堂、出厂。

5）定期检修设备。

2. 汞中毒

（1）汞中毒的危害。汞是一种具有严重生理毒性的化学物质。它可以通过呼吸道、食道和皮肤进入人体内，人体内吸收过量的汞会引起汞中毒。环境中任何形态的汞均可在一定条件下转化成剧毒的甲基汞。甲基汞进入人体后主要侵害人的神经系统，尤其是中枢神经系统。甲基汞可以穿过胎盘屏障侵害胎儿，使新生儿发生先天性疾病。汞污染还可导致心脏病、高血压等心血管疾病，并可影响人的肝、甲状腺和皮肤功能。

接触汞的作业有：汞矿开采、冶炼与成品加工；仪表制造、维修或使用；电气材料制造和维修；化工氯碱生产，化工生产中汞催化剂；用汞齐法提取金、银；用金汞齐镀金和镏金；用雷汞作起爆剂等。

（2）预防汞中毒的措施

1）改进工艺或改用代用品，含汞的装置要尽量密闭。

2）工作场所室温不能过高，以减少汞的蒸发，并应加强通风排毒。

3）车间的地面、操作台等处宜用不吸附汞的光滑材料；操作台和地面应有一定的倾斜度，以便清扫和冲洗，底部应有储水的汞吸收槽。

4）加强个人防护。车间内汞浓度较高时，应戴防毒口罩或用2.5%~10%碘处理过的活性炭口罩；上班时应穿工作服和戴工作帽，离开车间时应脱去工作服和工作帽；班后应沐浴更衣。

5）应定期监测空气中汞的浓度，及时了解工人接触汞的程度和环境状况。

6）应定期对工人进行职业健康监护，早期发现患者并及时处理。

3. 锰中毒

（1）锰中毒的危害。吸入高浓度的高锰酸钾尘后，可出现呼吸道黏膜刺激症状；吸入大量新生的氧化锰，数小时内可发生"金属烟热"。慢性锰中毒，轻度中毒发病时症状为嗜睡、失眠、头痛、乏力等；中度中毒除有轻度中毒的症状以外，还有举止缓慢、易跌倒、口吃等症状；重度中毒的症状有动作缓慢笨拙、语言含糊不清、走路身体前倾、不由自主地哭笑、智力下降等。

易发生锰中毒的作业有：锰矿开采、运输和加工，用锰焊条电焊，制造锰铜、铝锰等合金，油漆、染料、陶瓷、火柴、化肥和防腐剂等行业。

（2）预防锰中毒的措施

1）加强通风除尘，避免二次扬尘。

2）采用湿法采矿，湿法或密闭粉碎。

3）焊接作业时应尽量采用无锰焊条，用自动电焊代替手工电焊。

4）手工电焊时最好使用局部机械抽风吸尘装置。

5）接触锰作业要采取防尘措施，必须戴防毒口罩。

6）工作场所禁止吸烟、进食，工作后应淋浴更衣。

7）定期体检。

4．砷中毒

（1）砷中毒的危害。砷的氧化物和盐类大部分属于高毒物质，砷化氢属于剧毒物。砷化氢急性中毒的症状有头痛、全身无力、腰痛、中毒黄疸和贫血，严重者会高热、昏迷、皮肤为古铜色，甚至可因急性心衰或尿毒症死亡。砷化物慢性中毒可引起多发性神经炎、胃肠道症状和肝脏损害等。

接触砷及其化学物的作业有：冶炼夹杂砷化物的矿石，生产和使用含砷农药，生产和使用含砷颜料，酸处理含砷金属制品等。

（2）预防砷中毒的措施

1）加强通风除尘。

2）进食前要漱口、洗脸、洗手；下班要淋浴，更换清洁衣服、鞋、袜。

3）使用专用防毒口罩、紧口工作服等。

4）定期检查身体，发现中毒及时治疗。

5）患有砷职业禁忌证者不应从事含砷作业。

5．一氧化碳中毒

（1）一氧化碳中毒的危害。一氧化碳轻度中毒时会使人头痛、眩晕、胸闷、恶心、呕吐、耳鸣等，若吸入过量的一氧化碳会使人意识模糊、大小便失禁，乃至昏迷、死亡。

接触一氧化碳的作业有：炼钢、炼铁、炼焦，采矿，铸造、锻造；以一氧化碳为原料的化工制造；接触窑炉、煤气发生器和煤气炉的作业。

（2）预防一氧化碳中毒的措施

1）冬天屋内生煤炉取暖必须使用烟囱，使"煤气"能够顺利排到室外。

2）经常监测一氧化碳浓度变化。

3）定期检修煤气发生炉和管道及煤气水封设备。

4）产生一氧化碳的生产过程要加强密闭通风；矿井放炮后必须通风 20 min 以后，方可进入生产现场。

5）进入危险区工作时，需戴防毒面具；操作后应立即离开，并适当休息；作业时最好多人同时工作，便于发生意外时自救、互救。

6. 氯中毒

（1）氯中毒的危害。氯中毒，浓度低时只对眼和上呼吸道有灼伤和刺激作用，浓度高时会引起迷走神经反射性心跳骤停而出现"电击样"死亡。

接触氯的作业有：氯气储运，以氯为原料生产氯化合物，颜料业，制药业，造纸、印染工业，冶金工业等。

（2）预防氯中毒的措施

1）严格遵守安全操作规程，防止氯气"跑、冒、滴、漏"，保持管道负压。

2）经常检修设备和管道，以防止氯气的强腐蚀作用造成设备和管道泄漏；储存液氯的钢瓶在灌注前要仔细检查，防止泄漏。

3）含氯废气需经石灰净化后排放。

4）作业、检修或现场抢救时必须佩戴防护面具。

5）使用液氯的场所要通风良好，最高温度不能超过40℃；禁止液氯气瓶放置露天使用。

6）氯气生产、使用、运输、储存等现场应配备有效的防护用具和消防器材等。

7）工作现场禁止吸烟、进食和饮水。人员工作后应淋浴更衣。

7. 氰化物中毒

（1）氰化物中毒的危害。氰化物急性中毒表现为眼及呼吸道刺激、恶心、心慌、神志模糊、痉挛、感觉消失直至死亡。氰化物慢性中毒表现为神经衰弱综合征、运动肌肉酸痛和心跳徐缓、肝脾肿大等。

接触氰化物的作业有：电镀、金属表面渗碳及摄影，从矿石中提炼贵重金属，氰化物、活性染料制造业，制造塑料、高级油漆、有机玻璃、人造羊毛、合成橡胶等。

（2）预防氰化物中毒的措施：

1）加强密闭空间通风。

2）生产车间需设有急性中毒急救箱，操作人员要会现场抢救。

3）生产车间内严禁吸烟，饮水、饭前洗手，工作完毕淋浴、更衣；被毒物污染的衣物要单独存放。

4）就业前要进行体检，工人要定期进行体检。

8. 苯中毒

（1）苯中毒的危害。急性苯中毒主要表现为神经系统症状和呼吸系统症状，轻者出现头晕、头痛、醉酒感、走路不稳、咽干、咽痛以及咳嗽等，严重者可出现昏迷、抽搐、谵妄甚至死亡；慢性苯中毒以血液系统损害最为明显，可导致再生障碍性贫血、骨髓增生异常综合征和白血病等。

近年我国职业性苯中毒事故多发生在制鞋、箱包、玩具、电子、印刷、家具等行业，多由含苯的胶黏剂、天那水、硬化水、清洁剂、开油水、油漆等引起。此外，容易发生苯中毒的行业还有：以苯为化工原料生产香料、药物、合成纤维、合成橡胶、合成塑料、合成染料等的相关岗位；苯作为溶剂和稀释剂等的相关岗位。

（2）预防苯中毒的措施

1）加强宣传教育，使企业领导和工人充分认识苯的危害性和中毒的可防性。

2）苯的制取以及以苯为原料的工业，应尽量做到生产过程密闭化、自动化，防止管道"跑、冒、滴、漏"；生产车间应有良好的通风装备，加强通风。

3）涂料行业应尽可能用无毒或低毒物质代替苯作为溶剂，改进喷漆作业方式，如静电喷漆。

4）胶黏剂的溶剂尽量不用苯作为溶剂，如用汽油或甲苯等毒性较低的溶剂。

5）在高浓度苯存在的场所，如处理事故、检修管道时，必须佩戴有效的防毒口罩或送风面罩，以免吸入毒气。

6）加强有毒场所空气中苯浓度检测，发现超标后立即处理。

7）做好工人的健康监护，上岗前应做体格检查，严格控制职业禁忌证；就业后应定期做体检，发现问题及时调离，积极诊治。

第四节　生产性噪声危害及预防

工厂各类设备的运转以及工件的生产、制作时的撞击，均会产生较大的噪声。噪声会对人体产生不良影响，长期接触强烈的噪声甚至会引起噪声性疾病。

噪声影响最主要的是听觉系统，而且对人体其他系统也会产生不良的作用。另外，作业点强烈的噪声有时会掩盖报警提示音响，引起设备损坏和人员伤害。

一、生产性噪声的分类及来源

在生产中，由于机器转动、气体排放、工件撞击与摩擦所产生的噪声，称为生产性噪声或工业噪声，如图4—2所示。生产性噪声可归纳为以下三类：

1. 空气动力噪声

由于气体压力变化引起气体扰动，气体与其他物体相互作用所致。例如，各种风机、空气压缩机、风动工具、喷气发动机、汽轮机等，由于压力脉冲和气体排放发出的噪声。

2. 机械性噪声

机械撞击、摩擦或质量不平衡旋转等机械力作用下引起固体部件振动所产生的噪声。例如，各种机床、电锯、电

图4—2　噪声

刨、球磨机、砂轮机、织布机等发出的噪声。

3. 电磁性噪声

由于电磁场脉冲，引起电气部件振动所致。如电磁式振动台和振荡器，大型电动机、发电机和变压器等产生的噪声。

能产生噪声的作业种类甚多。受强烈噪声作用的主要工种有：使用各种风动工具的工人（如机械工业中的铆工、铲边工、铸件清理工，开矿、水利及建筑工程的凿岩工等）、纺织工、发动机试验人员、钢板校正工、拖拉机手、飞机驾驶员等。

二、噪声对人体的影响

1. 对听觉的影响

（1）听觉位移。听觉位移就是听觉上的一种幻觉，即声音在时间及空间上的不确定性，有时表现为声音滞后。听觉位移分为暂时性听觉位移和永久性听觉位移，属于听觉系统功能性改变。发生暂时性听觉位移的人脱离噪声影响一段时间后，听力一般可以恢复。但是，如果长期接触噪声且没有任何防护措施的话，就容易发生永久性听觉位移。

（2）噪声聋。职业性噪声聋是劳动者在工作场所中由于长期接触噪声而发生的一种渐进性的感音性听觉损害。我国已将噪声聋确定为法定职业病。噪声聋的发病与长期接触噪声的强度、频率、工龄、年龄、有无伴随振动、是否缺氧等因素有关。噪声聋首先表现在高频范围，一般是在 4 000 Hz 的声波附近首先引起听力降低。随着工龄的增加，这种听力损失范围将会逐渐延伸到 3 000 ~ 6 000 Hz 的范围。由于语言频率一般在 500 ~ 1 000 Hz，因此，这时人们在主观上还没有感到听力降低。当听力损失一旦影响到语言频率的范围时，人们就会感到听话困难，这时实际已到了中度噪声性耳聋了。

《职业性噪声聋诊断标准》（GBZ 49—2007）第 5 条规定了职业性噪声聋诊断及诊断分级标准："连续噪声作业工龄 3 年以上，纯音测听为感音神经性聋，听力损失呈高频下降型，根据较好耳语频（500 Hz、1 000 Hz、2 000 Hz）平均听阈做出诊断分级。轻度噪声聋：26~40 dB（HL），中度噪声聋：41~55 dB（HL），重度噪声聋：≥56 dB（HL）。"

2. 对神经、消化、心血管系统的影响

（1）噪声可引起头痛、头晕、记忆力减退、睡眠障碍等神经衰弱综合征。

（2）可引起心率加快或减慢，血压升高或降低等改变。

（3）噪声可引起食欲不振、腹胀等胃肠功能紊乱。

（4）噪声可对视力、血糖产生影响。

三、噪声的控制

噪声控制的方法主要包括以下几种：

1. 工程控制

在设备采购上，要考虑设备的低噪声、低振动。针对噪声问题从设计上寻找解决方案，包括使用更为"安静"的工艺过程（如用压力机替代汽锤等），设计具有弹性的减振器托架和联轴器，在管道设计中尽量减少其方向及速度上的突然变化，在操作旋转式和往复式设备时要尽可能的慢。

2. 方向和位置控制

把噪声源移出作业区或者转动机器的方向。

3. 封闭

将产生噪声的机器或其他噪声源用吸音材料包围起来。不过，除了在全封闭的情况下，这种做法的效果有限。

4. 使用消声器

当空气、气体或者蒸汽从管道中排出时或者在其中流动时，用消声器可以降低噪声。

5. 外包消声材料

作为替代密封的办法，用在运送蒸汽及高温液体的管子的外面。

6. 减振

采用增设专门的减振垫、坚硬肋状物或者双层结构来实现。

7. 屏蔽

在减少噪声的直接传递方面是有效的。

8. 吸声处理

从声学上进行设计，用墙壁和天花板来吸收噪声。

9. 隔离作业人员

在高噪声作业环境下，无关人员不要进入。短时间进入这种环境而暴露在高声压的噪声下，也会超过允许的日剂量。

10. 个体防护

主要是提供耳塞或者耳罩。个体防护应看成是最后一道防线。需要佩戴个体防护用具的区域要明确标明，对用具的使用及使用原因都要讲清楚，要有适当的培训。

11. 健康监护

对上岗前的职工进行体格检查，检查职业禁忌证，如听觉系统疾患、中枢神经系统疾患、心血管系统疾患等。对在岗职工则进行定期的体检，以早期发现听力损伤。

《工业企业噪声卫生标准》（试行草案）规定的噪声卫生标准：工业企业的生产车间和作业场所的工作地点的噪声标准为 85 dB（A）。现有工业企业经过努力，暂时达不到标准时，可适当放宽，但不得超过 90 dB（A）。对每天接触噪声不到 8 h 的工种，根据企业种类和条件，相应放宽噪声标准。

第五节　高温的危害及预防

在工业生产中，由于高温车间内存在着多种热源，或由于夏季露天作业受太阳热辐射的影响，常可产生高温、高湿或高温伴强热辐射等特殊工作环境，在这种环境下进行生产劳动，统称为高温作业。我国制定的高温作业分级标准规定：高温作业是指在生产劳动过程中，其工作地点平均 WBGT 指数等于或大于 25℃的作业。

一、高温作业的种类

1. 高温强热辐射作业

其特点是气温高，热辐射强度大，相对湿度低。形成干热环境。这类作业场所都有强烈的辐射热源，室内外气温差可达 10℃以上，以对流热和辐射热作用于人体。如：冶金工业的炼焦、炼铁、炼钢、轧钢等车间；机械制造工业的铸造、锻造、热处理等车间；陶瓷、玻璃、搪瓷、砖瓦等工业的炉窑车间；火力发电厂和轮船等的锅炉车间等。

2. 高温、高湿作业

这类作业环境的气象特点是气温高、相对湿度高，而热辐射较弱。这主要是由于生产过程中产生大量水蒸气或生产上要求车间内保持较高的相对湿度所致。如：印染、缫丝、造纸等工业中液体加热或蒸煮时，车间气温可达 35℃以上，相对湿度常高达 90%以上；潮湿的深矿井内气温可达 30℃以上，相对湿度达 95%以上，如通风不良就形成高温、高湿和低气流的不良气象条件，即湿热环境。

3. 夏季露天作业

夏季从事农田劳动、建筑、搬运等露天作业，除受太阳的辐射作用外，还接受被加热的地面和周围物体放出的辐射热。

二、高温对人体的影响

1. 对生理功能的影响

（1）体温的调节。高温作业的气象条件、劳动强度、劳动时间及人体的健康状况等因素，对体温调节都有影响。

（2）水盐代谢。高温作业时，排汗显著增加，可导致机体损失水分、氧化钠、钾、钙、镁、维生素等，如不及时补充，可导致机体严重脱水、循环衰竭、热痉挛等。

（3）循环系统。高温作业时，心血管系统经常处于紧张状态，可导致血压发生变化。高血压患者随着高温作业工龄的增加而增加。

（4）消化系统。可引起食欲减退、消化不良、胃肠道疾病，患病率随工龄的增加而增加。

（5）神经内分泌系统。可出现中枢神经抑制，注意力、工作能力降低，易发生工伤事故。

（6）泌尿系统。由于大量水分经汗腺排出，如不及时补充，可出现肾功能不全、蛋白尿等。

2. 中暑性疾病

按发病机制和临床表现的不同，分为以下三种类型：

（1）热射病。由于体内产热和受热超过散热，引起体内蓄热，导致体温调节功能发生障碍。热射病是中暑最严重的一种，病情危重，死亡率高。

典型症状为：急骤高热，体温常在41℃以上，皮肤干燥，热而无汗，有不同程度的意识障碍，重症患者可有肝肾功能异常等。

（2）热痉挛。是由于水和电解质的平衡失调所致。

临床表现特征为：明显的肌痉挛时有收缩痛，痉挛呈对称性，轻者不影响工作，重者痉挛甚剧；患者神志清醒，体温正常。

（3）热衰竭。是热引起外周血管扩张和大量失水造成循环血量减少，颅内供血不足而导致发病。

主要临床表现为：先有头昏、头痛、心悸、恶心、呕吐、出汗，继而昏厥，血压短暂下降，一般不引起循环衰竭，体温一般不高。

三、高温作业的防护措施

高温作业的防护主要是根据各地区对限制高温作业级别的规定而采取措施。

（1）尽可能实现自动化和远距离操作等隔热操作方式，设置热源隔热屏蔽［热源隔热保温层、水幕、隔热操作室（间）、各类隔热屏蔽装置］。

（2）通过合理组织自然通风气流，设置全面、局部送风装置或空调降低工作环境的温度。

（3）依据《高温作业分级》（GB/T 4200—2008）的规定，限制持续接触热时间。

（4）加强个人防护，合理组织生产，如穿白色、透气性好、导热系数小的帆布工作服；调整工作时间，尽可能避开中午酷热，延长午休时间。加强个人保健，供给足够的含盐清凉饮料。

解决高温作业危害的根本途径在于实现生产过程的自动化，采用防暑降温措施（主要是隔热、通风和个体防护）。

第六节　电磁辐射危害及预防

一、电磁辐射的分类

电磁辐射以电磁波的形式在空间向四周传播，具有波的一般特征。电磁辐射的波谱很宽，按其生物学作用的不同，分为非电离辐射和电离辐射。

1. 非电离辐射

包括紫外线、可见光、红外线、激光和射频辐射。

2. 电离辐射

包括 X 射线、γ 射线等。波长越短，频率越高，辐射的能量越大，生物学作用越强。

二、电磁辐射的危害

1. 非电离辐射的危害

（1）射频辐射。一般来说，射频辐射对人体的影响不会导致组织器官的器质性损伤，主要引起功能性改变，并具有可逆性特征，在停止接触数周或数月后往往可恢复。但在大强度长期辐射作用下，对心血管系统的症候持续时间较长，并有进行性倾向。微波作业对健康的影响是出现中枢神经系统和植物神经系统功能紊乱，以及心血管系统的变化。

（2）红外线。红外线能引发眼睛白内障，灼伤视网膜。其影响在电气焊、熔吹玻璃、炼钢等作业工人中多有发生。红外线引起的职业性白内障已列入职业病名单。

（3）紫外线。强烈的紫外线辐射作用可引起皮炎，表现为弥漫性红斑，有时可出现小水泡和水肿，并有发痒、烧灼感。皮肤对紫外线的感受性存在明显的个体差异。除机体本身因素外，外界因素的影响会使敏感性增加。例如，皮肤接触沥青后经紫外线照射，能产生严重的光感性皮炎，并伴有头痛、恶心、体温升高等症状；长期受紫外线作用，可发生湿疹、毛囊炎、皮肤萎缩、色素沉着；长期受波长 $0.04 \sim 0.39$ μm 紫外线作用可发生皮肤癌。作业场所比较多见的是紫外线对眼睛的损伤，即电光性眼炎。

（4）激光。激光对人体的危害主要是它的热效应和光化学效应造成的。激光对健康的影响主要是对眼部的影响和对皮肤造成损伤。被机体吸收的激光能量转变成热能，在极短时间内（几毫秒）使机体组织局部温度升得很高（$200 \sim 1\ 000$℃），机体组织内的水分受热时骤然汽化，局部压力剧增，使细胞和组织受冲击波作用，发生机械性损伤。

眼部受激光照射后，可突然出现眩光感，视力模糊，或眼前出现固定黑影，甚至视觉丧失。

2. 电离辐射的危害

电离辐射又称放射线，是一切能引起物质电离的辐射的总称。人体在短时间内受到大剂量电离辐射会引起急性放射病；长时间受超剂量照射将引起全身性疾病，出现头昏、乏力、食欲消退、脱发等神经衰弱症候群。受大剂量照射，不仅当时机体产生病变，而且照射停止后还会产生远期效应或遗传效应，如诱发癌症、后代患小儿痴呆症等。

电离辐射引起的职业病包括：全身性放射性疾病，如急慢性放射病；局部放射性疾病，如急、慢性放射性皮炎及放射性白内障；放射所致远期损伤，如放射所致白血病。

列为国家法定职业病的有 11 种，分别是：急性、亚急性、慢性外照射放射病，外照射皮肤疾病，内照射放射病，放射性肿瘤，放射性骨损伤，放射性甲状腺疾病，放射性性腺疾病，放射复合伤，其他放射性损伤。

三、电磁辐射的防护

1. 非电离辐射的防护

（1）对高频电磁场的防护，可以用铝、铜、铁等金属屏蔽材料来包围场源以吸收或反射场能。

（2）对微波的防护，通常是敷设微波吸收器。同时，根据微波发射具有方向性的特点，作业人员的工作位置应尽量避开辐射流的正前方。

（3）对激光的防护，应将激光束的防光罩与光束制动阀及放大系统截断器联锁。同时，激光操作间采光照明要好，工作台表面及室内四壁应用深色材料装饰，室内不宜放置反射、折射光束的设备和物品。

2. 电离辐射的防护

（1）凡是接触电离辐射的新工人，一定要加强放射卫生防护的上岗培训。

（2）在保证应用效果的前提下，尽量选用危害小的辐射源或者封隔辐射源，提高接收设备灵敏度以减少辐射源的用量。

（3）采取包围屏蔽、加大接触距离、缩短接触时间等技术措施预防外照射危害。

（4）采用净化作业场所空气等办法，尽量减少或杜绝放射性物质进入人体内，避免造成内照射危害。

（5）佩戴并正确使用防护用品，主要是穿着铜丝网制成的防护服，佩戴防护眼罩等。

第五章　个体防护知识

依据《劳动防护用品标准体系表》(1988 年 9 月由全国劳动防护用品标准化技术委员会组织审定通过，1991 年再次修订审定通过)，将个体防护装备划分为 10 个大类：头部防护装备、呼吸防护装备、眼（面）防护装备、听力防护装备、手（臂）防护装备、足部防护装备、躯干防护装备、坠落防护装备、皮肤防护用品、其他防护装备。

第一节　头部防护装备

头部防护装备是指保护头部免受伤害的防护用品，包括安全帽、防护头罩和工作帽。正确佩戴头部防护用品，可在很大程度上减少头部损伤。生产过程中因未戴安全帽引发人身伤害的例子比比皆是。

2008 年 6 月在烟台市幸福海域附近一处工地，一名来自云南的小伙子张某从卡车上卸钢管时，被滑落的钢管砸中头部，当即鲜血直流，后被工友送到市中心医院急诊外科。经查患者左眼部肿胀明显，后脑勺伤口长达 3 cm，几乎伤及颅骨。据工友介绍，张某由于卸货比较急没有戴安全帽，酿成此祸。

2008 年 3 月，几名建筑工人在浙江某建筑工地进行收尾作业，把建筑垃圾用滑轮运到地面，来自安徽的卓师傅和他的侄子卓某在地面负责拉绳索和倾倒垃圾。由于误认为工程进入收尾阶段，不会有什么危险，于是就没戴安全帽，结果卓师傅被从高空中突然脱落的滑轮、配重铁等重物砸中头部，几度昏迷，后被及时送往市第一医院抢救。

一、安全帽

安全帽是防止冲击物伤害头部的防护用品，由帽壳、帽衬、下颌带和后箍组成。帽壳呈半球形，坚固、光滑并有一定弹性，打击物的冲击和穿刺动能主要由帽壳承受。帽壳和帽衬之间留有一定空间，可缓冲、分散瞬时冲击力，从而避免或减轻对头部的直接伤害。

1. 安全帽的组成

安全帽由帽壳、帽衬、下颌带及其他附件组成，如图5—1所示。

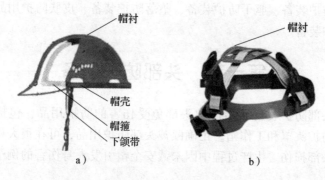

帽衬　　　　　　　　　　　帽衬

帽壳
帽箍
下颌带

a)　　　　　　　　　b)

图5—1　安全帽的组成

（1）帽壳。帽壳是安全帽的主要部件，由壳体、帽舌、帽檐、顶筋等组成，一般采用椭圆形或半球形薄壳结构。这种结构，在冲击压力下会产生一定的压力变形，由于材料的刚度吸收和分散受力，加上表面光滑与圆形曲线易使冲击物滑走，从而减少冲击的时间。根据需要和加强安全帽外壳的强度，外壳可制成光顶、顶筋、有檐和无檐等多种形式。

（2）帽衬。帽衬是帽壳内直接与佩戴者头顶部接触的各部件的总称，由帽箍环带、顶带、护带、吸汗带、衬垫及拴绳等组成。材料可用棉纱带、合成纤维带和塑料衬带。帽箍为环状带，可分为固定带和可调节带两种，在佩戴时紧紧围绕人的头部，带的前额部分衬有吸汗材料，具有一定的吸汗作用。

（3）下颌带。下颌带是系在下巴上、起固定作用的带子，由系带和锁紧卡组成。没有后颈箍的帽衬，采用"Y"字形下颌带。

2. 安全帽的种类及使用范围

（1）按材料不同进行分类，可分为以下几类：

1）玻璃钢安全帽。具有良好的耐高温、耐低温、电绝缘、耐腐蚀、耐燃烧等性能，主要用于冶金高温作业场所、油田钻井、森林采伐、供电线路、高层建筑施工以及寒冷地区施工。

2）聚碳酸酯塑料安全帽。具有抗冲击、电绝缘、耐高温等性能，主要用于油田钻井、森林采伐、供电线路、建筑施工等作业使用。

3）ABS塑料安全帽。具有抗冲击、电绝缘、耐化学腐蚀、耐100℃高温等性能，但不耐燃烧和低温，主要用于采矿、机械工业等冲击强度高的室内常温作业场所佩戴。

4）超高分子聚乙烯塑料安全帽。耐高温，但不能接触汽油，适用范围较广，如冶金、化工、矿山、建筑、机械、电力、交通运输、林业和地质等作业的工种均可使用。

5）改性聚丙烯塑料安全帽。耐140~180℃高温，但易于收缩，耐老化性能差，主要用于冶金、建筑、森林、电力、矿山、井上、交通运输等作业的工种。

6）胶布矿工安全帽。又称胶质矿工安全帽，强度高、绝缘性能好，主要用于煤矿、井下、隧道、涵洞等场所的作业，佩戴时不设下颏系带。

7）塑料矿工安全帽。产品性能除耐高温好于胶质矿工帽外，其他性能与胶质矿工帽基本相同。

8）防寒安全帽。用长绒或羊剪绒制成帽耳扇防寒，适合寒冷地区冬季野外和露天作业人员使用，如矿山开采、地质钻探、林业采伐、建筑施工和港口装卸搬运等作业。

9）纸胶安全帽。耐140℃高温，耐–40℃低温，抗老化性较强，适用于户外作业防太阳辐射、风沙和雨淋。

10）竹编安全帽。透气性好，质轻，主要用于冶金、建筑、林业、矿山、码头、交通运输等作业的工种。

11）其他编织安全帽。主要由柳条或藤条等编制，然后对帽壳表面进行特殊处理以增加抗冲击性能和耐穿刺性能，通风散热性能良好，适用于南方炎热地区无明火的作业场所使用。

（2）根据檐的尺寸分类，有大檐、中檐、卷檐三种，其尺寸分别为 50~70 mm、30~50 mm、0~30 mm。

（3）按颜色进行分类。不同的地方会有不同的制度，每个单位的规定也可能有区别。一般来说，红色代表指挥人员，蓝色代表机械操作、特种作业人员，黄色代表管理人员，白色及其他颜色代表普通工人。而国电系统安全帽颜色按照视觉识别系统（Ⅵ）规定：白色代表领导人员，蓝色代表管理人员，黄色代表施工人员，红色代表外来人员。根据作业环境的不同，安全帽的颜色也不同，如在爆炸性作业场所工作宜戴红色安全帽。

3. 安全帽的选用

（1）应选择合格产品。安全帽必须按国家标准《安全帽》（GB 2811—2007）进行生产，出厂的产品应通过质检部门检验，符合标准要求才能发给产品合格证。在购买安全帽时，应仔细查看其产品是否具有以下标志：企业名称、商标、型号；制造年、月；出厂合格证和安鉴证；生产许可证编号的标记。具备以上四项永久性标记的产品是有关部门认为合格出售的产品。

（2）应选择适宜的品种，主要考虑以下几点：

1）根据安全帽的性能选择。每种安全帽都具有一定的技术性能指标和适用范围。例如，在低温作业环境选择安全帽，应选择耐低温的塑料安全帽［经低温（−20±2)℃的环境试验，冲击吸收性能和耐穿刺性能仍符合标准要求］和防寒安全帽；在高温作业环境，应选择耐高温的塑料安全帽或玻璃钢安全帽［经高温（50±2)℃的处理，冲击吸收性能和耐穿刺性能仍符合标准要求］；在电力行业接触电网、电气设备，应选择具有电绝缘性能的安全帽；在易燃、易爆的环境中作业，应选择有抗静电性能（电阻不大于 $1 \times 10^9 \, \Omega$）的安全帽。

2）根据规格、尺寸进行选择。对安全帽的佩戴高度、水平间距、垂直间距、水平间隙严格按照国家标准进行检查。

3）款式的选择。大檐帽和大舌帽适用于露天作业，这种安全帽有防日晒和雨淋的作用。小檐帽适用于室内、隧道、涵洞、井巷、森林、脚手架上等活动范围小、易发生帽檐碰撞的狭窄场所。

4. 安全帽的使用注意事项

（1）在戴安全帽之前，应检查帽壳是否无损伤、无龟裂、无磨损，帽壳损伤的安全帽一律不准使用。使用安全帽时还要调节好衬顶和帽壳的距离（为 32 mm），这样在碰到高空坠落物时可起到缓冲的作用；这段距离还可以达到头部通风的目的。

（2）佩戴前用顶绳把帽衬与帽壳之间的距离调到 45 ~ 50 mm，结扣要牢固。

（3）检查安全帽使用年限，一般的塑料安全帽为 2 年，玻璃钢安全帽为 3 年，到期后使用单位必须到有关单位进行检测，合格者方可使用，不合格者予以报废。以后，每年抽检一次，按前述处理。

（4）不能私自改造安全帽，否则会损害安全帽的保护性能。不能将安全帽长时间放在高温（50℃）、酸碱、潮湿的环境中。

二、防护头罩

防护头罩是使头部免受火焰、腐蚀性烟雾、粉尘以及恶劣气候条件伤害的个体防护装备。防护头罩通常由头罩、面罩和披肩三部分组成，如图 5—2 所示，有的可附带通风设备以适合更苛刻的环境。为防止物体打击，头罩常与安全帽配合使用。防护头罩通常用于水泥喷浆、油漆作业、清洁、水泥灌装、高温热辐射等作业场所，常用的有放热辐射铝箔保护头罩、防尘头罩、放热阻燃帆布保护头罩等。

图 5—2 防护头罩

三、工作帽

工作帽是主要用于防止头部脏污、擦伤、发辫受运转机器绞碾和防静电的软质帽，只对头部进行防护，如图 5—3 所示。

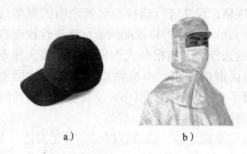

a)   b)

图5—3   几种常见的工作帽

a）普通工作帽   b）防静电工作帽

工作帽的作用主要有两个方面：一是对头部的防护作用，二是防止静电、灰尘。

1. 防护作用

保护头发不受灰尘、油烟和其他环境因素的污染；避免头发被卷入转动着的机器造成人身伤害。在有传动链、传动带或滚轴的机器旁边工作时，头发长的女工尤其要注意佩戴工作帽。

2. 防静电、灰尘

天气干燥时，头发的摩擦会引起静电，给生产带来一系列的安全隐患。如在化纤生产和印刷过程中，由于静电而吸引空气中的绒毛和尘埃，会使产品质量下降，严重时还会点燃易燃物质而引起爆炸。佩戴防静电的工作帽可以在很大程度上预防头发产生的静电。

从事食品、医疗等对卫生条件要求较高的行业，佩戴工作帽可以防止头皮屑等一些物质掉落。

工作帽一般要求帽体美观大方，佩戴舒适。一般用经久耐用的纤维制作，在不需要防尘的情况下，也可以用带孔的编织品制作，这样通风效果会更好。样式不宜过于复杂，要容易洗涤烫熨。工作帽的大小最好能够调节，以适合各种头型的人佩戴。选用时，要根据自己的工作性质和实际需要选择合适的工作帽。使用时，帽体一定要戴正，要把头发全部罩在帽体中。

第二节　呼吸器官防护装备

我国目前有超过 2 亿人受到职业病的危害和威胁，而在各类职业病中，尘肺占到 80%。根据卫生部统计，2009 年共报告尘肺病 14 495 例，占职业病报告总数的 79.96%；2010 年共报告尘肺病 27 240 例，占职业病报告总数的 87.42%；2011 年共报告尘肺病 26 401 例，占职业病报告总数的 88.36%；2012 年共报告尘肺病 24 206 例，占职业病报告总数的 88.28%；尘肺病发展日趋严重。其他危害如苯中毒、硫化氢和一氧化碳中毒也非常突出，呼吸系统危害是导致职业病的主要因素之一。

呼吸器官防护器具是为保护佩戴者的呼吸器官，防御缺氧环境或空气中有毒、有害物质进入人体呼吸道的个体防护装备，是预防职业危害的一道重要防线。正确选择和使用呼吸器官防护器具，是防止职业病和恶性安全事故的重要保障

一、生产过程中危害呼吸器官的因素

1. 生产性粉尘及危害

生产性粉尘是指在生产中形成的，能较长时间漂浮在作业场所空气中的固体微粒，其粒径多在 0.1 ~ 10 μm，是污染环境、影响劳动者健康的重要因素。不是所有的粉尘都会被人体所吸收，长期悬浮在空气中、粉尘颗粒细的（特别是小于 5 μm）呼吸性粉尘，会直接进入人的肺泡参与血液循环，导致硅肺病或其他肺部疾病。

生产性粉尘由于种类和理化性质的不同，对机体的损害也不同，主要有以下几种：

（1）可引起尘肺。生产性粉尘能引起尘肺，其中游离二氧化硅含量高的粉尘可引起硅肺；含结合状态二氧化硅粉尘可引起硅酸盐肺；由游离二氧化硅粉尘和其他粉尘共同引起的尘肺称为混合性尘肺。尘肺是法定职业病。

（2）可引起粉尘沉着症。有些生产性粉尘，如铁尘、钡尘、锡尘等吸入后沉积于肺组织中，呈现异物反应，但不会引起尘肺。

（3）有机粉尘引致肺部病变。棉尘、亚麻尘、谷物粉尘等可引起慢性呼吸系统疾病，常有胸闷、气短、咳嗽、咳痰等症状，有的可引起过敏性支气管炎、过敏性哮喘等。

（4）致癌作用。某些粉尘具有致癌作用，如接触放射性粉尘可致肺癌，石棉尘可引起间皮瘤等。

2. 生产性毒物的危害

工业生产中产生的毒物，称为工业毒物，大多是一些化学物质，而且种类繁多，主要包括：金属及类金属毒物，如铅、汞、砷等；窒息性及刺激性毒物，如氯气、氨、硫化氢等；有机溶剂，如苯、汽油等；高分子化合物，如塑料、合成纤维等；农药，如敌敌畏、有机氯农药等。呼吸系统是工业毒物进入人体的主要途径，因为工业毒物常以气体、蒸气、雾、烟及粉尘的状态弥漫在空气中，随时可进入人体的肺部。

二、呼吸器官防护装备的种类

呼吸防护用品的种类繁多，根据其防护的机理不同，可分为过滤式和供气式两种。

1. 过滤式呼吸器

过滤式呼吸防护用品是依据过滤吸收的原理，利用过滤材料滤除空气中的有毒、有害物质，将受污染空气转变为清洁空气供人员呼吸的呼吸防护用品。过滤式呼吸防护用品主要包括防尘口罩、防毒口罩和过滤式防毒面具等。下面介绍几种常见的过滤式呼吸器。

（1）防尘口罩。防尘口罩是以纱布、无纺布、超细纤维材料等为核心过滤材料的过滤式呼吸防护用品，用于滤除空气中的颗粒状有毒、有害物质，但对有毒、有害气体和蒸气无防护作用。其中，不含超细纤维材料的普通防尘口罩只具有防护较大颗粒灰尘的作用，一般经清洗、消毒后可重复使用；含超细纤维材料的防尘口罩除可以防护较大颗粒灰尘外，还可以防护粒径更细微的各种有毒、有害气溶胶，防护能力和防护效果均优于普通防尘口罩，基于超细纤维材料本身的性质，该类口罩一般不可重复使用，多为一次性产品，或需定期更换滤棉。防尘口罩有简易式和复式两种，如图5—4

所示。简易式防尘口罩结构简单，一般没有滤尘盒、呼吸阀等，如普通纱布口罩；复式防尘口罩一般结构比较复杂，往往含有多孔性滤料、呼气阀等。防尘口罩的适用领域和场合主要包括：医疗卫生、电子工业、食品工业、美容护理、清洁等。其适用的环境特点是：污染物仅为非挥发性的颗粒状物质，不含有毒、有害气体和蒸气。

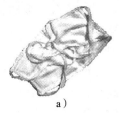

a)　　　　　　　　b)　　　　　　　　c)

图5—4　几种常见的防尘口罩

a) 普通纱布口罩　b) 活性炭防尘口罩　c) 带呼吸阀的防尘口罩

（2）防毒面具。防毒面具是以超细纤维材料和活性炭、活性炭纤维等吸附材料为核心过滤材料的过滤式呼吸防护用品，一般通过滤毒罐（盒）与面罩相连的形式佩戴，如图5—5所示。防毒面具主要分为全面罩、半面罩和口罩三种；另外，在作业强度较大、环境气压较低（如高原）及情况危急、人员心理紧张等环境中，可佩戴呼吸负荷低的强制送风呼吸器，由动力克服组件阻力，提供气源。防毒面具的适用领域和场合主要包括：化工生产、石油加工、橡胶、制革、冶金、焊接与切割、卫生消毒、实验研究等。其适用的环境特点是：工作或作业场所中含有较低浓度的有毒、有害蒸气、气体，同时可能含有有毒、有害物质的颗粒（包括气溶胶）。

a)　　　　　　　　b)　　　　　　　　c)

图5—5　几种常见的防毒面具

a) 带滤毒盒的全面罩　b) 带滤毒盒的半面罩　c) 强制送风呼吸器

2. 供气式呼吸防护用品

供气式呼吸防护用品是依据隔绝的原理，使人员呼吸器官、眼睛和面部与外界受污染空气隔绝，依靠自身携带的气源或靠导气管引入受污染环境以外的洁净空气为气源供气，保障人员正常呼吸的呼吸防护用品，也称为隔绝式防护面具。常用的供气式呼吸器有储氧式防毒面具、储气式防毒面具、生氧式防毒面具、长管呼吸器和潜水面具等。下面介绍几种常见的供气式呼吸器。

（1）氧气呼吸器。氧气呼吸器分为储氧式和生氧式两种。

1）储氧式防毒面具以压缩氧气钢瓶为气源。根据呼出气体是否排放到外界，可分为开路式和闭路式氧气呼吸器两大类。前者呼出气体直接经呼气阀门排放到外界，因考虑到安全性因素，目前很少使用。对于常见的闭路式氧气呼吸器，使用时打开气瓶开关，氧气经减压器、供气阀进入呼吸仓，再通过吸气软管、吸气阀进入面罩供人员呼吸；呼出的废气经呼气阀、呼气软管进入清净罐，去除二氧化碳后也进入呼吸仓，与钢瓶所提供的新鲜氧气混合供循环呼吸。

2）生氧式防毒面具是利用人员呼出气中的二氧化碳和水蒸气与含有大量氧的生氧药剂反应生成氧气，使呼出气体经补氧和净化后供人员呼吸的一种闭路循环式呼吸器。生氧式呼吸器的组成包括生氧系统（含生氧罐、启动装置和应急装置）、降温系统（含冷却管、降温增湿器）、储气装置（含储气囊及排气阀）、保护外壳及背具等。

氧气呼吸器是人员在严重污染、存在窒息性气体、毒气类型不明确或缺氧等恶劣环境下工作时常用的呼吸防护设备。其主要应用领域包括：矿山救护、抢险救灾、石化、冶金、航天、船舶、国防、核工业、城建、实验室、地铁、医疗卫生等。

（2）空气呼吸器。空气呼吸器又称储气式防毒面具，有时也称消防面具，如图5—6所示。它以压缩气体钢瓶为气源，但钢瓶中盛装气体为压缩

图5—6　储气式正压呼吸器

空气。根据呼吸过程中面罩内的压力与外界环境压力间的高低，可分为正压式和负压式两种。正压式在使用过程中面罩内始终保持正压，更安全，目前已基本取代了后者，应用广泛。对于常见的正压式空气呼吸器，使用时打开气瓶阀门，空气经减压器、供气阀、导气管进入面罩供人员呼吸；呼出的废气直接经呼气阀门排出。空气呼吸器主要用于消防指战员以及相关人员在处理火灾、有害物质泄漏、烟雾、缺氧等恶劣作业现场进行火源侦察、灭火、救灾、抢险和支援；另外，也可用于重工业、海运、民航、自来水厂和污水处理站、油气勘探与采制、石化工业、石油精炼、化学制品、环境保护、军事等领域及场合。

三、呼吸器官防护装备的选用

呼吸防护用品的种类繁多，正确地选用呼吸防护装备才能保证工作者的健康。国家标准《呼吸防护用品的选择、使用与维护》（GB/T 18664—2002）规定了防护用品的选择程序，归纳起来主要包括以下几点：

（1）根据有害环境的性质、危害程度选择呼吸防护用品。如是否缺氧、毒物种类、浓度是否已知、毒物存在形式（如蒸气、气体和气溶胶）等。如果有害物质仅为普通颗粒物，对眼睛、皮肤无伤害，可选用普通防尘口罩；若颗粒物中含有气溶胶，应选择含超细纤维材料的防尘口罩；若空气污染物对眼睛、皮肤有刺激或腐蚀作用（如氨气、苯等），应选择全面罩，同时注意保护其他部位的裸露皮肤；如果同时存在强光、火花、高温、辐射、飞溅物等，应选择具有隔热、阻燃、防冲击功能的全面罩；当缺氧（氧含量小于18%）、毒物种类未知、毒物浓度未知或过高（含量大于1%），或毒物不能为过滤材料所滤除时，均不能使用过滤式呼吸防护用品，只能考虑使用隔绝式呼吸防护用品；在爆炸性环境中只能使用空气呼吸器，不能选择氧气呼吸器。

（2）考虑作业方式特点。选择供气方式时，应考虑作业点设备布局、人员或机动车流动情况，气源与作业点间距离，是否妨碍他人作业或者被他人妨碍。如果作业强度大、作业时间长，应选择呼吸负荷低的防护用品。

（3）考虑佩戴者的身体特点，选择的呼吸防护用品尺寸要合适。选用全面罩或半面罩时，要与佩戴者的脸型相吻合；选用自吸式防护用品时，要考虑额外的呼吸负荷是否会对佩戴者的心肺系统产生不利影响等。

四、呼吸防护用品使用注意事项

（1）必须使用经过认证合格的呼吸防护用品，使用前应仔细检查各连接部位是否有损坏。

（2）在进入有害环境前，应先佩戴好呼吸器。对供气式呼吸器，应先通气，后戴面罩；对封闭型面罩，应先检查其气密性。

（3）在使用过程中，应始终佩戴呼吸器，若中途有异味、恶心、窒息等情况，应立即离开危险环境，并检查呼吸防护用品是否存在故障。

（4）逃生型呼吸防护用品只能用于从危险环境中离开，不能用于进入。

（5）任何防护用品使用后必须做好记录。使用前要仔细检查使用记录，确定防毒过滤元件或者气瓶的更换时间。

（6）呼吸器具要个人专用，每次使用后应清洗和消毒，保存在清洁、干燥、无油污、无腐蚀的环境中。防毒过滤元件不应敞口储存。

第三节　眼（面）部防护装备

眼（面）部是人体直接裸露在外面的器官，在生产作业中很容易受到各种有害因素的伤害。我国职业性眼伤害约占整个工业伤害的5%，占眼外科医院外伤的50%。正确地佩戴眼（面）部防护用具，可以减少或避免90%的此类伤害事故。

一、眼（面）部伤害的因素

造成眼（面）部伤害的因素很多，各种高温热源、射线、光辐射、电磁辐射，有害液体、气体、熔融金属等异物飞溅、爆炸等，都是造成眼（面）部伤害的直接因素。归纳起来主要有以下几个方面：

1. 异物性眼（面）部伤害

在工业生产中，铸造、机器制造、建筑是发生异物性眼外伤的主要行业。特别是在进行研磨金属，切割非金属或铸铁，用手提电动工具、气动工具打磨和修补金属铸件，切割或刮锅炉，粉碎石头或混凝土等作业时，有的固体异物高速飞出（如旋转切削的金属碎片或打磨的金属物体），若击中眼球可发生严重的眼睛伤害事故，异物快速飞溅可致眼球破裂及面部受伤；沙粒或金属碎屑等异物进入眼内，大多数小颗粒可以被眼泪冲掉，但留在上眼睑内侧、嵌进角膜或巩膜表面的异物，如不及时清洗，可引起溃疡和感染。在实际工作中，因为异物伤害眼睛的事故频频发生。

2. 生物性眼（面）伤害

主要存在于农业生产中，如烟、化肥、锯木、虫咬、蜂蜇头面部等。

3. 化学性眼（面）部伤害

化学工业中，酸、碱、腐蚀性液滴及烟雾进入眼中或冲击面部，会引起眼（面）部的严重损伤。

下面的案例就是由于没有佩戴眼部防护用具而导致眼睛伤害的一起事故。

2003年11月24日10时50分左右，湖北省枣阳市某化工厂一车间2号泵填料严重漏液，当维修工白某在拆开泵中间一组压盖，用撬杠撬开泵堵头时，泵内冷凝液（含有氨）突然带压喷出，喷在白某脸和身上，由于没有佩戴眼（面）部防护用品，液体溅入其左眼内，白某虽然用清水进行了冲洗，但左眼仍然疼痛难忍睁不开，后被送进医院紧急治疗。

4. 非电离辐射伤害

非电离辐射包括可见光、紫外线、红外线、激光和微波。可见光伤害比较多见的是眩光。例如每当夜晚在马路边散步时，迎面而来的机动车前照明灯把行人晃得眼都睁不开，会引起眩晕，这种耀目光源不但在马路上常见，在一些工矿企业也常常会看到。如在烧熔、冶炼以及焊接过程中，长期从事电焊、冶炼和熔化玻璃等工作的人，眼睛里会出现盲斑，到年老时容易患白内障。紫外线是一种不可见光线，它在生产、国防和医学上都有广泛的应用。例如消毒、杀菌、治疗某些皮肤病和软骨病等，还用于人造卫星对地面的探测。长期过量照射紫外线会使眼睛角膜表现出角膜伤害，严重时会导致失明。红外线也是一种不可见光线，其主要作用是热作用，它能伤害眼底视网膜，也可能造成角膜灼伤和虹膜伤害。激光的能量集中，亮度很高，能够伤害眼睛的结膜、虹膜和晶状体。微波广泛应用于雷达、通信、医疗、探测、军事、食品加工等部门，微波对眼睛的伤害主要是由于热效应引起晶体浑浊，导致白内障发生。

5. 电离辐射伤害

电离辐射包括 α 粒子、β 粒子、γ 射线、X 射线、热中子、慢中子、快中子、质子和电子等的辐射。电离辐射主要是在原子能工业、核动力装置（如核电站、核潜艇）、核爆炸、高能物理试验、同位素诊治等场所可能发生。人体眼睛如受到核辐射伤害可发生严重后果。当剂量超过 22 Gy 时，个别人会出现白内障，白内障发病率随总剂量的增大而升高。

二、眼（面）部防护用品的分类

眼（面）部防护用品种类很多，依据防护部位性能分为防护眼镜和防护面罩。

1. 防护眼镜（见图 5—7）

a)　　　　　　　　　　　b)

图 5—7　两种常见的防护眼镜

a）防护眼镜　b）防护眼罩

防护眼镜是在眼镜架内装有各种护目镜片，防止有害物质伤害眼睛的防护用品。如防冲击、辐射、化学药品等护目镜。

（1）防冲击眼镜。是为了预防铁屑、沙石等物体造成眼睛被击伤而使用的防护用品，多为有机玻璃（聚碳酸酯、聚乙烯、聚氯乙烯）、钢化玻璃制成，适用于矿山、工厂等作业场所。

（2）焊接护目镜。由镜架、滤光片和保护片组成。滤光片内含铜、硫化镉等微量金属氧化物，紫外线透射率很低，适用于电弧焊接、切割、氩弧焊作业。

（3）炼钢镜。滤光片内含有钴、镍、氧化硼等，适用于冶炼炉、加热炉、高温炉窑等以红外线辐射为主的作业场所。

（4）防辐射护目镜。主要包括防 X 射线眼镜和防中子眼镜两种，前者由铅玻璃镜片和镜架组成，后者由硼透明树脂制成。

（5）变色眼镜。滤光片是根据光色互换可逆反应的原理，用含有卤化的化学玻璃制成，遇到紫外线或日光照射时颜色变暗，适用于雪光、日光较强的环境中，但对白炽灯、各种电焊、熔炼等光的红外线及强紫外线的防护作用较差。

2. 防护面罩

防护面罩是用来保护面部和颈部免受飞来的金属碎屑、有害气体或液体喷溅、金属和高温溶剂飞沫伤害的用具，主要有焊接面罩、防冲击面罩、防辐射面罩、防烟尘毒气面罩和隔热面罩等，如图5—8所示。

　　a）　　　　　　b）　　　　　　c）　　　　　　d）

图5—8　几种常见的防护面罩

a）防冲击面罩　b）防火隔热面罩　c）焊接头罩　d）手持式焊接面罩

（1）焊接面罩。由观察窗、滤光片、保护片和面罩等组成，具有防飞溅物、防有害光线和隔热性能。焊接面罩有头戴式、手持式、半面罩式、全面罩式等多种形式，适用于有热辐射的焊接作业。

（2）防冲击面罩。用来防护飞来物冲击、化学液体飞溅物等，多用于车、铣、刨、磨机加工和凿岩等作业。

（3）防热、防辐射面罩。由面罩和头带组成，常用的有带有金属网式和镀膜隔热面罩，熔炼、炉窑和高温作业使用的较多。

三、眼（面）部防护用具的选用与注意事项

（1）使用前，检查产品的标记是否符合国家标准《个人用眼护具技术要求》（GB 14866—2006）的规定。

（2）使用焊接防护眼镜时要正确选用滤光片。焊接防护眼镜的滤光片可分 19 个遮光号（见表 5—1），遮光号越大，表示其可见光、紫外线、红外线透过率越小，防御有害弧光能力越强。

表 5—1　　　　　不同遮光号的滤光片的适用场合

遮光号	适合的作业场所
1.2, 1.4, 1.7, 2	焊接现场防侧光与杂散光
3, 4	焊接辅助工
5, 6	30 A 以下的电弧作业
7, 8	30～75 A 的电弧作业
9, 10, 11	75～200 A 的电弧作业
12, 13	200～400 A 的电弧作业
14 以上	400 A 以上的电弧作业

（3）选择佩戴合适的眼镜和面罩，以防止作业时晃动或脱落，影响防护效果。

（4）眼镜架与脸部要吻合，避免侧面漏光，必要时应使用带有护眼罩的眼镜或防侧光型眼镜。

（5）使用面罩、护目镜作业时，累计最少 8 h 更换 1 次新的保护片，以保护操作者的视力。防护眼镜的滤光片受到飞溅物损伤出现疵点时，要及时更换。

（6）使用隔热、阻燃防护面具时，需确认是否有有害光线，如果有，应与防护眼镜共同使用。

第四节　听觉器官防护装备

听力防护用品是指防止过量的声能侵入外耳道，使人耳避免噪声的过度刺激，减少听力损伤，预防噪声对人身引起不良影响的防护用品。正确佩戴听力防护用品，在很大程度上可以减少职业性耳聋的发病率。

一、噪声的来源及危害

噪声是一种引起人烦躁或音量过强而危害人体健康的声音。它的来源主要有交通噪声、工业噪声和生活噪声。工业噪声是指工厂在生产过程中由于机械振动、摩擦撞击及气流扰动产生的噪声。例如，化工厂的空气压缩机、鼓风机和锅炉排气放空时产生的噪声，都是由于空气振动而产生的气流噪声；球磨机、粉碎机和织布机等产生的噪声，是由于零件机械振动或摩擦撞击产生的机械噪声。工业噪声是造成职业性听力损伤的一个重要因素。

噪声不仅会影响听力，而且还会对人的心血管系统、神经系统、内分泌系统产生不利影响，所以有人称噪声为"致人死命的慢性毒药"。

二、听力防护用品的种类

听力防护用品根据其结构形式的不同，大致可分为三大类：能插入外耳道的耳塞，能够将整个外耳郭罩住的耳罩，有护耳罩的防噪声帽。

1. 耳塞

耳塞是塞入耳道内或置于外耳道口处的护耳器。耳塞的分类如下：

（1）按材质分类

1）硅胶耳塞。一般来说，硅胶制作的耳塞都具备可反复使用的性能。但由于硅胶的柔软性太差，长期佩戴往往会造成耳道不适，甚至有胀痛感。也由于硅胶不如海绵柔软，无法紧贴耳道壁，隔音效果往往不如海绵类耳塞理想。

2）海绵类耳塞。用低压泡模材质、高弹性聚酯材料制成的防噪声耳塞表面光滑，回弹慢，使用时耳朵没有胀痛感，隔声效果在25～40 dB。该种耳塞非常适合睡眠时使用，但由于清洗后慢回弹效果会减弱而无法反复使用。一般来说，海绵耳塞都是用后即弃型的，但随着科学的发展，目前市面上也有一些海绵耳塞是可以反复使用达半年以上并可擦洗的。

3）蜡制耳塞。蜡制耳塞是防噪声耳塞的鼻祖，用手可把其弄软，并做成适合耳道的形状；缺点是不够卫生，蜡也有可能残留在耳道内，不易清洗，而且戴久了耳朵会有胀痛的感觉。

（2）按形状分类。防噪声耳塞最为普遍的形状是子弹头型的，也有已获专利的火箭形（T字形）、喇叭形、圆柱形以及凸缘形等，如图5—9所示。

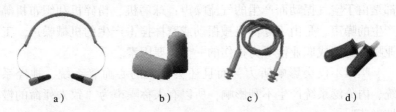

a)   b)   c)   d)

图5—9　几种常见的耳塞

a) 头带式耳塞　b) 子弹形耳塞　c) 凸缘形耳塞　d) T形耳塞

目前比较流行的是具有慢回弹性的泡沫耳塞，它具有携带方便、降噪效果好等优点，使用时将耳塞搓成长条塞入耳道中，按住大约20 s，耳塞会慢慢膨胀直至塞住耳道。

2. 耳罩

耳罩是指能遮盖耳道并紧贴耳郭的护耳器。耳罩通常由塑料壳、密封垫圈、内衬吸声材料和拱架四部分组成，长短高度可调节。为了加强耳罩与佩戴者皮肤接触部位的密封性，改善使用者的舒适度，在壳体的周边包覆着内装有泡沫塑料或液体的密封垫。密封垫能够更换，并耐消毒和清洗，对皮肤无刺激性。另外还有一种无线通信耳罩，在强烈噪声环境下保护工作人员耳膜安全的同时，实现了多人使用无线通信传输装置进行语音小型集群通话。如图5—10 所示为几种常见的耳罩。

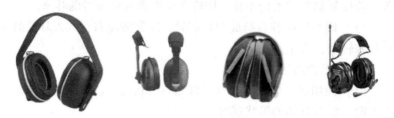

图 5—10 几种常见的耳罩

3. 防噪声帽

防噪声帽是一种防止爆炸时强烈的噪声从颅骨传入的听力保护器，如图 5—11 所示，分软式和硬式两种。软式防噪声帽由人造革帽和耳罩组成，耳罩固定在帽的两端，罩壳周边为泡沫塑料垫圈，内衬为吸声材料。软式防噪声帽具有重量轻、质地软、导热系数低、隔热效果好、戴用方便等优点；缺点是不通风，夏天会感到闷热。硬式防噪声帽与软式防噪声帽结构差不多，

图 5—11 防噪声帽

只是帽壳由玻璃钢制成，能起到防冲击的作用。硬式防噪声帽在航空、爆破作业时使用的较多。

三、听力防护用品使用注意事项

1. 耳塞使用注意事项

（1）防噪声耳塞有可能成为耳炎的激发因素，因此耳塞应经常用水和肥皂清洗。

（2）佩戴泡沫塑料耳塞时，先将耳塞搓细并插入到合适的位置，当耳塞完全膨胀后最好不要再往里推。拔出耳塞时为了避免耳鼓受挤，应慢慢地将耳塞旋出而不是强拉出来。

（3）各种耳塞在使用时，要先将耳郭向上提拉，使耳甲腔呈平直状态，然后手持耳塞柄，将耳塞帽体部分轻轻推向外耳道内，但

不要用力过猛或插得太深。

（4）若感到隔声不良时，可将耳塞缓慢转动，调到最佳效果位置；若反复调整效果仍不佳，则应考虑换戴其他型号的耳塞。

（5）佩戴硅橡胶自行成型耳塞时，应分清左右，放入耳道时要将耳塞转动、放正。

2. 耳罩使用注意事项

（1）使用前，应先检查罩壳有无裂纹和漏气。佩戴时应注意罩壳方向，顺着耳郭的形状戴好。

（2）将连接弓架放在头顶适当位置，尽量使耳罩软垫圈与周围皮肤相互密合。无论戴用耳塞还是耳罩，均应在进入有噪声车间前戴好，工作中不得随意摘下，以防伤害耳鼓膜；如确需摘下，最好在休息时或离开车间以后，到安静处所再摘掉耳塞、耳罩，让听觉逐渐恢复。

（3）听力防护用品使用后应存放在专用盒内，以免挤压、受热而变形。用后需用肥皂、清水把它清洗干净，晾干后再收藏；橡胶制的耳塞要撒滑石粉，然后储存，以免变形。

第五节　手（臂）防护装备

手是人体最易受伤害的部位之一，在全部工伤事故中，手的伤害事故大约占1/4。一般情况下，手的伤害不会危及生命，但可导致终生残疾，丧失劳动和生活的能力。所以手的保护是职业安全非常重要的一环。

一、常见的手部伤害

1. 机械性伤害

是由于机械原因造成对骨骼、肌肉或组织、结构的伤害，从严重的断指、骨裂到轻微的皮肉之伤等。如使用带尖锐部件的工具，操纵某些带刀、尖等的大型机械或仪器，会造成手的割伤；处理、使用锭子、钉子、起子、凿子、钢丝等会刺伤手；手被卷进机械中会扭伤、压伤甚至轧掉手指等。此类伤害事故是手部伤害中最为常见的一种。

2. 化学、生物性伤害

这类伤害主要是对手部皮肤的伤害，轻者造成皮肤干燥、起皮、刺痒，重者出现红肿、水疱、疱疹、结疤等。这类伤害造成的原因是长期接触酸、碱的水溶液、洗涤剂、消毒剂等，或接触到毒性较强的化学、生物物质。

3. 振动伤害

长期操纵手持振动工具，如油锯、凿岩机、电锤、风镐等，会造成手臂抖动综合征、白指症等伤害。手随工具长时间振动，还会造成对血液循环系统的伤害而引发白指症，特别是在湿、冷的环境下这种情况更容易发生，由于血液循环不好，手变得苍白、麻木，如果伤害到感觉神经，手对温度的敏感度就会降低，触觉失灵，甚至会造成永久性的麻木。

4. 电击、辐射伤害

手部受到电击伤害，或是电磁辐射、电离辐射等各种类型辐射的伤害，可能会造成严重的后果。2007 年 9 月初，广西南宁市有 4 名工人在高约 8 m 的铁架台上更换外墙广告图时，3 人突然遭到电击，其中一人被击晕。据分析，工人遭到电击的原因是广告牌的铁皮漏电，而另外一名男子没有遭到电击的原因在于他戴着绝缘手套。

二、手部防护用品的分类

手的防护是指劳动者根据作业环境中的有害因素戴用特质手套（护具），以防止发生各种有害因素伤手事故。手的护具主要有防护手套和防护套袖两种。

1. 防护手套

（1）按照用途分类

1）一次性手套。用于保护使用者和被处理的物体，适用于对手指触感要求高的工作，如实验室、制药业或清洁工作。一次性手套可用乳胶、丁腈、丁基橡胶或 PVC 制成。

2）耐酸碱手套和化学防护手套。耐酸碱手套是在工作人员手部接触酸碱或需要浸入酸碱溶液中工作时使用的防护手套，主要用于化工、印染、皮革、电镀、热处理等企业或场所的工作人员在接触普通酸碱时戴用。常用的有橡胶、乳胶、塑料和浸塑等耐酸碱手套。

化学防护手套用来防止化学物质的透过和浸入，进而防止手部皮肤因化学物质刺激而引发的各种疾病。化学防护手套主要用于酸、碱、有机药物、其他有害化学物质等工作场所，材料有天然橡胶、氯丁二烯橡胶、丁腈橡胶、氟橡胶、硅橡胶等。

3）绝缘手套。为作业人员在交流电压 10 kV 及以下电气设备（也适用于相应电压等级的直流电气设备）上进行带电作业时戴在手上，起电气绝缘作用的一种手套。绝缘手套是用绝缘橡胶或乳胶经压片、模压、硫化或浸模成型的五指手套。根据作业电压的高低不同，可选择三种不同类别的规格品种，见表5—2。绝缘手套对质量要求很严格，使用单位应定期进行耐压检测；使用前必须检查是否有扎穿或破损，以防绝缘损坏；使用时最好戴内棉线手套以吸汗，并注意防止被利物划破和接触酸、碱、油类物质。

表 5—2　　　　　　　　绝缘手套的适用范围

类别	适用范围
1	用于交流电压小于 1 kV、直流电压小于 1.5 kV 作业场所
2	用于交流电压小于 7.5 kV、直流电压小于 11.25 kV 作业场所
3	用于交流电压小于 17 kV、直流电压小于 22.55 kV 作业场所

4）防割手套。主要用于接触使用锋利器物作业时防止手部被割伤、切伤。防割手套使用特殊原料，降低了使用者被割伤的风险，用于处理尖锐物品。防割手套常使用钢丝织物或坚韧的合成纱材质。

5）一般用途手套。用于防磨损、刺穿、切割等，适用于搬运、处理物品等，常使用针织布、皮革或合成材料。

6）耐火阻燃手套。主要用于森林防火、冶炼、浇铸、热轧、锻造、炉窑等高温热作业时防御手部遭受高温辐射和烧灼伤害。耐火阻燃手套常使用厚皮革、特殊合成涂层、绝缘布、玻璃棉制成。

7）焊工手套。焊接工人受到电弧产生的强烈紫外线及强烈的热辐射影响，而且手容易受到焊接火花及飞溅的熔融金属的烫伤，出汗后则有触电的危险。因此，焊工手套必须用牛皮或猪皮绒面革来制造，并配有长的帆布或皮革袖筒。

8）耐油手套。用来保护手部皮肤免受油脂类物质如矿物油、植物油以及脂肪族的各种溶剂油的刺激引起的各种皮肤疾病。耐油手套有橡胶、乳胶、塑料三种。

除以上几种手套外，其他还有防振手套、防辐射热手套、防 X 射线手套、防热手套、点塑手套、涂塑手套等。

（2）按照材质分类

1）丁腈手套。耐穿刺性强，耐磨，耐老化，也能防护大部分溶剂和化学危险品（如油、酸、农药等）的腐蚀，是耐油材料中最好的一种。

2）乳胶手套。防机械磨损、防割及刺穿，对一部分化学品（如酸等）具有较好的防护性，但只适用于接触低浓度的酸碱溶液、一般化学药品、印染液、有毒化工原料、污染物和一般工业操作，不能接触防护油、油脂和石油产品，也不能接触硝酸等强氧化剂。表面摩擦力较大，适于抓取尖锐的物体。耐低温，使用温度为 $-18 \sim 50℃$。

3）PVC 手套。防化学腐蚀性强，几乎可以防护所有的化学危险品。

4）皮革手套。防机械磨损性能较好，厚皮可防热，外层镀铝后可防高温及热辐射，喷涂革耐磨、防污。

5）布手套。一般用途手套，使用者手指灵活，接触感良好；加厚的可用于防热、防寒，可防中、低等机械磨损；点珠类的布手套耐磨、防滑，可抓握湿滑物体。

2. 防护套袖

防护套袖是用以保护手上臂的防护用品，主要在进行易污作业如炭黑、染色、油漆及有关的卫生工作时戴用。主要产品有：防辐射热套袖，如石棉套袖、铝膜布隔热套袖等；防酸碱套袖，如胶布套袖、塑料套袖等。

三、防护手套的选用

手套选择得合适与否，使用得正确与否，都直接关系到手的健康，在选择与使用过程中要注意以下几点：

（1）选用适合于工作场所的手套。

（2）选用的手套要具有足够的防护作用。

（3）随时检查手套是否有小孔或破损、磨蚀的地方，尤其是指缝，发现问题及时更换。使用中，应防止与汽油、机油、润滑油、各种有机溶剂及锋利锐器接触。使用后，应将其表面的液体或污物用清水冲洗干净后晾干，不得暴晒或烘烤。暂时不用的，可涂抹少量滑石粉，以免粘连。

（4）使用中不要将污染的手套任意丢放。

（5）摘取手套一定要注意正确的方法，防止手套上沾染的有害物质接触皮肤和衣服，造成二次污染。

（6）不要共用手套，共用手套容易造成交叉感染。

（7）戴手套前要洗净双手；摘掉手套后也要洗净双手，并擦护手霜以补充天然的保护油脂。

第六节　足（腿）部防护装备

移动和支撑人体的重量是脚的两大重要功能，然而，脚部却是最容易受到伤害而往往被人们忽视的部分。随着人们劳动防护和自我防护意识的增强，对于双脚的防护也逐渐被人们所认识。

据报道，滑倒和跌落是工伤事故的主要原因，大约17%的致残是由此造成的，事故的总数每年高达180 000例，同时，还是工作场地造成死亡事故的第二因素，约占13%，事故的总数每年达1 037例。因此，应予以足够的重视。

一、引起足部伤害的因素

1．冲击、撞击

笨重或尖锐的物体掉落脚上可引起足部的砸伤或刺伤，这是足部伤害中最常见的因素。2008 年 10 月 19 日，在宁波市海曙川跃装饰工程有限公司工作的包某，在搬运大理石时被石头砸中了脚，由于未穿防护鞋，当时脚就肿了起来，于是他立即把此事告知了厂里的负责人。几天后脚肿得越来越厉害，后来去医院检查，被告知脚掌骨折，已经不适宜继续工作，有可能需要做手术。

2．化学性伤害

在化工、造纸、印染等接触化学品的行业，有可能发生被化学品灼伤的事故。

3．触电伤害

作业人员如果没有穿电绝缘鞋，作业时可能导致电击或烧伤。

4．极端温度的伤害

在极热或极冷的工作环境条件下，脚可能被烧伤或冻伤。如在冶炼、铸造、金属加工、焦化、化工等行业的作业场所，强辐射热或者掉落的熔融物会烧伤足部；在高寒地区进行户外作业时，如果没有采取防护措施，足部可能会被冻伤。

5．滑倒

在有油、水或化学物质存在的地板上行走时，可能导致人体失衡，造成摔伤事故。

二、防护鞋（靴）的种类

根据防护鞋的功能，可将防护鞋分为防穿刺鞋、防滑鞋、防油鞋、防酸碱鞋、防砸鞋、防静电鞋、防寒鞋、防热鞋、防水鞋、绝缘鞋等，统称为安全鞋，如图 5—12 所示。

1．防砸鞋

防砸鞋是指在鞋头装有金属或非金属内包头，能保护足趾免受外来物体打击伤害的鞋，有低帮、高腰、半筒和高筒四种，适用于冶金、矿山、林业、港口、装卸、采石等行业。

绝缘防护靴　　防寒靴　　防滑靴　　消防靴

安全鞋　　　防静电鞋　　　矿工鞋

图 5—12　几种常见的防护鞋

2. 防刺穿鞋

防刺穿鞋是指在内底与外底之间装有防刺穿垫，能防止足底刺伤的防护鞋。根据抗穿刺力的大小，分为特级（ >1 100 N）、Ⅰ级（ >780 N）、Ⅱ级（ >490 N）三种。

3. 防热鞋（靴）

防热鞋（靴）是指在内底与外底之间装有隔热中底，以保护高温作业人员足部在遇到热辐射、飞溅的熔融金属火花或在热物面（一般不超过 300℃）上短时间行动时免受烫伤、灼伤或砸伤的防护鞋，分靴式和高腰鞋式两种，主要应用于冶金行业。

4. 防静电与导电鞋

防静电鞋是既能消除人体静电积聚，又能防止 250 V 以下电源电击的防护鞋。导电鞋是具有良好的导电性能，可在短时间内消除人体静电积聚，只能用于没有电击危险场所的防护鞋。防静电鞋和导电鞋主要适用于石油化工、医药、电子等行业。使用过程中，严禁将其代替电绝缘鞋，同时不能穿绝缘的毛料厚袜及绝缘鞋垫，使用时间一般不超过 200 h。

5. 电绝缘鞋（靴）

电绝缘鞋是能使人的脚与带电物体绝缘，预防触电伤害的防护鞋。按帮面材料，可分为电绝缘皮鞋、电绝缘布面胶鞋、电绝缘胶面胶鞋和电绝缘塑料鞋四种；按款式，可分为低帮电绝缘鞋、高腰电绝缘鞋、半筒电绝缘鞋和高筒电绝缘靴四种。不同的电绝缘鞋防护的电压不同，在选用时不能使用错误。穿用电绝缘鞋时，应避免接触锐器、高温和腐蚀性物质，防止鞋的绝缘性能受到损害。

6. 耐酸碱鞋（靴）

耐酸碱鞋是一种可以防止酸碱溶液直接侵袭足部，避免腐蚀、烧烫等伤害的防护鞋。按材质可分为耐酸碱皮鞋、耐酸碱胶靴、耐酸碱塑料模压靴。耐酸碱皮鞋采用防水革配以耐酸碱鞋底，一般用于较低浓度酸碱的作业场所。耐酸碱胶靴是全橡胶材料经硫化成型的防护鞋，按款式可分为高筒靴、半筒靴和轻便靴三种。耐酸碱胶靴具有较好的耐酸碱功能。耐酸碱塑料模压靴是用聚氯乙烯等聚合材料经模压成型的一种防护鞋，具有很好的耐酸碱功能。使用过程中应避免接触高温、锐器损伤鞋帮或鞋底引起渗漏。

7. 耐油防护鞋（靴）

耐油防护鞋（靴）可以防止汽油、柴油、机油、煤油等化学油品对足部皮肤的伤害，适用于在石油、机械、电力、橡胶、食品、油脂以及油类运输等行业中使用。耐油防护鞋一般用丁腈橡胶、聚氯乙烯塑料做外底，用皮革、帆布和丁腈橡胶做鞋帮。

8. 防寒鞋（靴）

防寒鞋（靴）用于低温作业人员的足部防护，以免受冻伤。防寒鞋分为无热源式（如棉鞋、皮毛鞋等）和带热源式（如热力鞋等）。

三、防护鞋的选用注意事项

（1）防护鞋的品种很多，要根据具体的作业条件进行选用，否则起不到应有的防护作用。

（2）严把质量关。根据国家的相关标准选用合格的防护鞋，一是要看鞋的加工质量，二是要看鞋的安全保护质量。

（3）鞋形应与脚形相适应。防护鞋的尺寸要与脚形大小一致，可稍微偏大，使脚穿进鞋内后在鞋头部分留有1 cm间隙，这是因为人的双脚大小不一致，同时在人体行走后，以及到午后、晚上脚都会发生变化，如果鞋没有余量，就会因脚的变大而夹紧，影响其舒适性。

（4）注意特殊要求。对特殊防护鞋的使用，应按产品说明书中的要求来选择与使用，以免发生意外。

（5）防护鞋的存放与维护要求。使用后刷去鞋上的灰尘，清除污垢，放置于通风干燥处；经常给鞋子打蜡、避免阳光照射；避免有腐蚀性物质的污染；长期不用，应打蜡后放入鞋盒内，置于干燥处保存。

第七节　躯体防护装备

随着工业的飞速发展，人们在工作、生活中面临着越来越多的威胁，如物理因素（高温、低温、风、雨、水、火、粉尘、静电、放射源等）、化学因素（毒剂、油污、酸、碱等）和生物因素（昆虫、细菌、病毒等）。为了抵御这些威胁，减少不必要的损失，人们运用了各种防护装备，躯体防护用品就是其中重要的一种，它是人们在生产过程中抵御各种有害因素的一道屏障，能有效地保护作业人员在现场作业时免受环境中物理、化学、生物等因素的伤害。

一、引起躯体伤害的因素

生产过程中常见的对躯体伤害的因素主要有高温、低温、酸碱溶液、农药、有毒化学试剂、辐射、静电危害等。

1. 高温

高温作业是指工业企业和服务行业工作地点具有生产性热源，其气温等于或高于本地区夏季通风室外计算温度（北京地区为30℃）2℃或2℃以上的作业（含夏季通风室外计算温度高于或等于30℃地区的露天作业，不含矿井下作业）。按其气象条件的特点分为三种类型：高温、强热辐射作业，如冶金工业的炼焦、炼铁、炼钢等车间，机械制造工业的铸造车间，陶瓷、玻璃、建材工业的炉窑车间，发电厂（热电站）、煤气厂的锅炉间等；高温、高湿作业，如纺织印染工厂、深井煤矿等；夏天露天作业，如建筑工地、大型体育竞赛等。高温作业对人体的生理功能产生一系列的影响，如导致机体严重脱水、循环衰竭、热痉挛、高血压、胃肠道疾病、中枢神经系统抑制等。

2. 低温

低于人体舒适程度的环境即为低温。一般取（21±3）℃为人体舒适的温度范围，因此18℃以下的温度即可视作低温。但对人的工作效率有不利影响的低温，通常是在10℃以下。低温环境除了冬季低温外，主要见于高寒地带、南极和北极等地区以及水下。低温对人体的伤害作用最普遍的是冻伤；在-20℃以下的环境里，皮肤与金属接触时，皮肤会与金属粘贴，叫作冷金属粘皮，这是一种特殊的冻伤。

3. 化学药剂

生产过程中用到的化学试剂达7万多种，其中不乏剧毒物质，这些物质在生产、使用、运输过程中一旦侵入人体即可发生中毒，甚至引发生命危险。常见的化学试剂有：金属和类金属毒物，如铅、汞、锰及其化合物等；刺激性气体，如氯、氨、氮氧化物、光气、氟化氢、二氧化硫、三氧化硫和硫酸二甲酯等；农药，如杀虫剂、杀菌剂、杀螨剂、除草剂等；有机化合物，如二甲苯、二硫化碳、汽油、甲醇、丙酮等。

4. 微波辐射

随着无线电技术的崛起，人们接触的电磁辐射源越来越多，大到广播电视发射塔、军事雷达、高压输电线，小到电视机、电冰箱、微波炉、空调和计算机等。它们在工作的时候，都向周围发射着不同功率的电磁波，即电磁辐射。电磁辐射作用于人体，在达到一定剂量后，即产生生物效应，影响人体神经、内分泌、心血管、血液、生殖、免疫及视力，其中重要的影响就是促发癌症。

5. 电离辐射

电离辐射对机体的损伤可分为急性放射性损伤和慢性放射性损伤。短时间内接受一定剂量的照射，可引起机体的急性损伤，常见于核事故和放射治疗病人。而较长时间内分散接受一定剂量的照射，可引起慢性放射性损伤，如皮肤损伤、造血障碍、白细胞减少、生育能力受损等。此外，辐射还可以致癌和引起胎儿的死亡或畸形。

6. 静电危害

静电对人体有非常大的危害，持久的静电可使血液中的碱性升高，血清中钙含量减少，尿中钙排泄量增加。过多的静电在人体内堆积，还会引起脑神经细胞膜电流传导异常，影响中枢神经，从而导致血液酸碱度和机体氧特性的改变，影响机体的生理平衡，使人出现头晕、头痛、烦躁、失眠、食欲不振、精神恍惚等症状。静电也会干扰人体血液循环、免疫和神经系统，影响各脏器（特别是心脏）的正常工作，有可能引起心率异常和心脏早搏。

二、躯体防护用品分类

躯体防护用品主要指防护服。防护服可分为两类：一般防护服和特种防护服。一般防护服是指防御普通伤害和脏污，在一般作业环境下都适用的防护服。特种防护服是指具有特定防护功能，适用于特定环境下穿用的防护服，如阻燃防护服、防静电工作服、防酸工作服等。

1. 一般防护服

一般劳动防护服是指在作业过程中为防污、防机械磨损、防绞碾等物理伤害而穿用的防护服，如图5—13所示。其面料可供选择的范围比较广，纯棉、混纺织物等均可。其式样有分体式、连体式、大褂式、背心、背带裤、围裙、反穿衣等。一般防护服要做到安全、适用、美观、大方，有利

图5—13 一般防护服

于人体正常生理要求和健康，便于穿脱；防护服的颜色应与作业场所背景有所区别，且不能影响对各种颜色信号灯的判断。

2. 特殊防护服

（1）阻燃防护服。是指在接触火焰或炽热物体后，能防止本身被点燃或可减缓并终止燃烧的防护服。适用于在明火、散发火花或熔融金属附近操作，以及在有易燃、易爆物质，并有发火危险的地方工作时穿用。一般采用耐洗阻燃织物，如经阻燃剂整理过的纯棉布、化纤混纺布或用耐高温、阻燃纤维制成。

（2）防静电工作服。是指能防止静电荷积聚的防护服，适用于在易产生静电的场所工作的人员穿用，以防火灾和爆炸危险。一般采用防静电织物制成，如用抗静电剂进行后整理的织物，添加抗静电剂的织物，纺织时等间隔加入导电纤维（有机物导电材料或亚导电材料）或超细金属丝的织物。

使用时，应按作业需要正确选择各种型号的工作服。防静电工作服必须与防静电鞋配套穿用，不允许在易燃、易爆的场所穿脱；穿用时，禁止在防静电工作服上附加或佩戴任何金属物件；穿用时应保持防静电工作服清洁，洗涤时应小心，不可损伤纤维；穿用一段时间后，应对防静电工作服进行防静电性能检验，不符合要求的不允许继续使用。

（3）防酸工作服。是指从事酸作业人员穿用的具有防酸性能的服装。根据材料的性质，分为透气型与不透气型两类。透气型适用于中、轻度酸污染场所，有分身式和大褂式两种款式，面料常采用耐酸纤维织物，如粗毛呢、柞蚕丝、氯纶、涤纶等。不透气型适用于严重酸污染场所，面料常采用橡胶涂覆织物（胶布）、聚乙烯塑料薄膜（主要做围裙、套袖等）等。

穿用时要根据防护服的不同耐酸程度选择合适的防护服；应避免接触锐器，防止机械损伤。使用胶布和塑料制成的防酸工作服储存时，应避免高温日晒，用后清洗晾干；长期保存时，应撒上滑石粉，防止粘连。

（4）防尘服。分为工业防尘服和无尘服。工业防尘服主要在粉尘污染的劳动场所中穿用，防止各类粉尘接触危害体肤；无尘服主要在无尘工艺作业中穿用，以保证产品质量。使用时，应根据作业环境情况，正确选用相应类别的防尘服。

（5）防水工作服。是指具有防御水透过和渗入的工作服，一般采用橡胶涂覆织物制成，适用于从事淋水作业、喷水作业、排水作业、水产养殖、矿井、隧道等浸泡水中作业人员穿用。防水工作服主要有劳动防护雨衣、下水衣、水产服等。

穿用防水工作服时应严禁接触各种油类、有机溶剂、酸、碱等，应避免与锐利物接触。洗后不可暴晒、火烤，应晾干。存放时尽量避免折叠、挤压，要远离热源，通风干燥；如需折叠，可撒些滑石粉。

（6）防寒服。用于低温作业，保护人体免受冻伤。一般用干燥的天然棉植物纤维、动物皮毛及化学纤维做填充层，具有保温性好、导热系数小、外表吸热率高等特点。

（7）带电作业用屏蔽服。带电作业用屏蔽服是采用均匀的导电材料和纤维材料制成的。一般采用金属丝布，如超细玻璃纤维、克纶纤维、聚四氟乙烯纤维、柞蚕丝或棉纤维并捻织成的斜纹或平纹布，衬里采用蚕丝绸等，棉服在衬里与面料之间加上丝棉填充物，切忌用合成纤维。

（8）防辐射服。造成人体伤害的辐射源是多种多样的（包括电离辐射和非电离辐射），它们产生射线的能级也各不相同，因而抵抗这些射线辐射的材料也不尽相同，由此而制成的各种辐射防护服也各具特色。防辐射服主要包括以下几种：

1）防紫外线服。通过织物中的抗紫外线纤维来衰减环境中的过量紫外线。抗紫外线纤维是用紫外线吸收剂（多为有机化合物，如二苯甲酮类化合物、脂肪族多元醇类化合物等）或紫外线屏蔽剂（折射率高的金属氧化物，如氧化锌、二氧化钛等）等与成纤高聚物共混纺丝制得，主要分为两类：紫外线吸收纤维和紫外线屏蔽纤维。

2）防微波服。应用屏蔽和吸收原理，衰减或消除作用于人体的电磁量。目前这些防护服装主要由两大类织物制成：掺有防微波辐射纤维的织物和涂层织物。前者是制作微波防护服装的主要面料，是采用金属纤维与普通纤维按一定比例混纺，经特殊工艺使之充分均匀混合而制成的金属纤维混纺纱织物。混纺纱织物按生产方法的不同，可分为金属纤维（如不锈钢纤维）、金属镀层纤维（在金属纤维表面涂一层塑料后制成的纤维）、涂覆金属纤维（如镀铝、镀锌、镀铜、镀镍、镀银的聚酯纤维、玻璃纤维等）。

3）X射线防护服。主要由防X射线纤维制成。防X射线纤维是指对X射线具有防护功能的纤维，一般是含铅的玻璃、有机玻璃及橡胶等制品，但这种防护品不仅笨重，而且其中的铅氧化物还有一定毒性，会对环境产生一定程度的污染。目前研制成的新型防X射线的纤维，是利用聚丙烯和固体X射线屏蔽剂材料复合制成的，防护性能好而且没有二次污染。

4）中子辐射防护服。其原理就是将快速中子减速和将慢速（热）中子吸收，主要由防中子辐射纤维制成。防中子辐射纤维是指对中子流具有突出抗辐射性能的特种合成纤维，在高能辐射下它仍能保持较好的力学性能和电气性能，并同时具有良好的耐高温和抗燃性能。

（9）化学防护用品。是用于防止各种有毒、有害化学物质侵害的防护用品，主要用于勘察工作、应对突发事件、抢救工作等，包括防护服（套装、工作服、兜帽、手套、靴子）、呼吸器、冷却器、通信器材、头盔、护目镜、护耳器、防护内衣和防护外罩（手套外罩、胶皮套靴、闪光罩）等。

美国环境保护署EPA将化学防护服按防护等级分为四种：

A级：气体密闭型防护服（见图5—14）。可以防护来自固、液、气等有毒物的威胁，对呼吸系统、皮肤、眼睛和黏膜提供最高等级的防护。适用于污染环境中的化学物质的成分、浓度都不确定的场合；对呼吸系统、皮肤、眼睛可能形成极大威胁的环境；污染环境有限或通风条件很差的环境。

B级：防液体溅射的防护服（见图5—15）。此类防护服可以防止液体化学物质的溅射，但阻止不了持续接触的化学物质、气体化学物质或化学物质的蒸气，其防护能力对呼吸系统的保护水平可达到 A 级，而对皮肤和眼睛的保护水平比 A 级低，能防止液体化学物质的渗透，但不能防止有毒化学物质的蒸气或气体的渗透。主要用于污染环境中化学物质的成分和浓度不需要很高的皮肤防护等级的环境。

图 5—14　气体密闭型防护服　　　图 5—15　防液体溅射防护服

C 级：增强功能型防护服。能防有毒液体的喷射对人体产生的有害作用，但不能防有毒化学物质的蒸气或气体。主要用于污染环境中的化学物质的成分和浓度不会对暴露的皮肤造成损害的场合，污染源空气中的毒性物质的成分和浓度不会立即对生命和健康造成损害的场合，如伤病人员的救护、炭疽等有害物质的处理等，绝不能用于处理突发事件或化学物质的威胁程度不确定的场合。

D 级：一般型防护服。只能提供最低的皮肤保护，不能保护呼吸系统。主要用于已知污染环境的空气中无明显危险的场合，工作场所中无液体飞溅、无浸入液体或接触任何有害化学物质的场合，不能在有对呼吸道和皮肤危险的场合穿戴，不能在热环境中使用，操作环境中的氧气含量不能低于 19.5%。

（10）医用防护服。医用防护服主要用于医护人员、环卫人员在医疗、卫生防疫、公共卫生突发事件中为预防病菌、病毒感染的个人防护，其面料一般为复合共聚物涂层的机织物和经过抗菌处理的非织造织物防护材料。

三、防护服的选用和维护

（1）质量检查。防护服穿用前，应对照产品技术条件检查其质量。

（2）熟悉性能。认真阅读产品说明书，熟悉其性能及注意事项，进行必要的穿着训练。

（3）按说明书介绍的方法穿用。

（4）要重视防护服的使用条件，不可超限度穿用。

（5）特殊作业防护服使用完毕，应进行检查、清洗、晾干保存；应存放在干燥通风、清洁的库房。以橡胶为基料的防护服，用后要用肥皂水洗净后晾干，撒些滑石粉后存放；以塑料为基料的防护服，一般只在常温下清洗、晾干保存；以特殊织物为基料的防护服，如等电位均压服、微波防护服、防静电服等，要远离油污，保持干燥，防止腐蚀性物质腐蚀。

第八节　防坠落装备

据统计，人体坠落死亡事故占工业死亡事故的13%～15%，5 m以上高空作业坠落事故约占20%，5 m以下高空作业坠落事故约占80%。建筑施工大部分的作业均处在高处作业的状态，高处坠落事故远远超过其他类型的事故，成为建筑工人的"第一杀手"。

防坠落用品是通过安全绳（带）将高空作业者的身体系于固定物体上，或在作业场所下方张网以防不慎坠落。正确使用防坠落用品，可以在很大程度上预防坠落事故的发生。

一、防坠落用品的种类

防坠落用品主要包括安全带、安全网和其他防护用品。

1. 安全带

（1）安全带的组成。安全带是作业人员在高处作业时佩戴的，防止人员从高处坠落，避免、减少作业人员受坠落伤害的个人防护用品，由安全绳、护腰带及各种金属配件等组成，如图 5—16 所示。

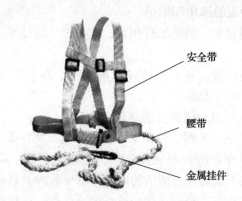

安全带

腰带

金属挂件

图 5—16　安全带结构图

1）安全绳。是装配在安全带上，防止人体坠落的系绳。

2）护腰带。是附有柔软材料、附加在腰带上保护作业人员腰部的带子。护腰带的宽度约为腰带的 2 倍，能将冲击力分解到较大面积上，减小腰部单位面积的受力。

3）金属配件。金属配件由普通碳素钢、铝合金或其他符合强度要求的材料制成，安装在安全带上，起连接和悬挂作用。金属配件有半圆环、葫芦钩、安全钩、攀登钩、移动钩、自锁钩等十几种。

（2）安全带的种类

1）按作业性质区分，可将安全带分为以下三类：

①围杆作业安全带。适用于电工、电信工、园林工等杆上作业。

②悬挂作业安全带。适用于建筑、造船、安装等作业。

③攀登作业安全带。适用于攀登作业。

2）按结构形式区分，安全带可分为以下五类：

①双背带式安全带（还可以有腿带、胯带等）。

②单腰带式安全带。

③防下脱式安全带（有胸带，用于围杆作业）。

④自锁式安全带。指在安全绳上装有自锁钩的安全带，它应与专用的吊绳配套使用。其工作原理是：正常工作时，自锁钩在吊绳上可自由移动，以满足不同作业点的工作需要；当发生坠落时，自锁钩在冲击力的作用下，立即卡住吊绳，从而有效地防止安全绳继续下移。

⑤速差式安全带。指装有速差自控器的安全带。其工作原理是：将安全绳缠在速差自控器内的圆盘上，正常工作时，可以拉出任意长度的安全绳，以适应在不同距离的工作地点使用；当发生坠落时，受瞬时产生的冲击力的影响，安全绳带动圆盘快速转动，致使有制动功能的棘轮由于惯性作用而马上卡住转动的圆盘，从而有效地控制人体继续坠落。

2. 安全网

（1）安全网的组成。安全网是用来防止高处作业人员从作业面坠落，避免或减轻坠落伤亡，防止生产作业中使用的物体落下伤及作业面下方人员的网体，是高处作业人员的防护用品。安全网由网体、边绳、系绳等组成。

（2）安全网的种类。目前，国内广泛使用的安全网主要有三种形式：安全平网、安全立网和密目式安全立网。

安全平网的安置平面或平行于水平面，或与水平面成一定夹角，用来接住坠落人员或坠落物。

安全立网和密目式安全立网的安置面垂直于水平面，用来围住高空作业面，挡住人或坠落物。密目式安全立网还具有防止作业人员使用的较小工具掉下砸伤人的作用。

3. 其他防坠落器具

防坠落器具还有井下作业的三脚架救生系统，高楼清洗安全吊板、救生缓降器、简易救生缓降带、救生梯、逃生软梯、简易逃生伞等设备。

二、防坠落防护用品的使用及维护

1. 安全带的使用注意事项

（1）应选用经检验合格的安全带产品。使用之前，应检查安全带的外观和结构，检查部件是否齐全完整，有无损伤，金属配件是否符合要求，产品和包装上有无合格标志，是否存在影响产品质量的其他缺陷。发现产品损坏或规格不符合要求时，应停止使用，及时调换。

（2）高挂低用，安全绳挂高处，人在下面工作。使用 3 m 以上的长绳时，应加缓冲器，必要时可以联合使用缓冲器、自锁钩、速差式自控器。

（3）不得将安全绳打结使用，以免发生冲击时安全绳从打结处断开。应将安全钩挂在连接环上，不得直接挂在安全绳上，以免发生坠落时安全绳被割断。

（4）作业时应将安全带的钩、环牢固地挂在系留点上，卡好各个卡子并关好保险装置，以防脱落。

（5）不得私自拆换安全带上的各种配件。更换新件时，应选择合格的配件。

（6）应将安全带储存在干燥、通风的仓库内，不要接触高温、明火、强酸、强碱和尖利的硬物，也不能暴晒。搬运时不能用带钩刺的工具，运输过程中要防止日晒雨淋。

2. 安全网的使用注意事项

（1）安装前要检查安全网和支撑物。检查安全网的标志与所选用的类型、规格是否符合；检查网体外观是否存在破损，是否存在影响使用的缺陷；检查支撑物是否有足够的强度、刚度和稳定性，并且系结安全网的地方应无尖锐的边缘，确认没有异常后方可安装。

（2）安装时，每片安全网上的每根系绳都要系结在支撑物（脚手架等）上，以防止安全网松脱，系绳的系结点应沿网边均匀分布；有筋绳的安全网安装时，筋绳也应系结在支撑物上，否则起不到加强网的作用。安装后，要检查是否有漏装现象（特别是在拐弯处）。

（3）平网安装时，网面不宜绷得过紧。平网的安装平面或与水平面平行，或外高里低（一般以 15° 角为宜）。平网安装后应有一定的下陷，网面与下方物体表面的最小距离为 3 m。当网面与作业面的高度差大于 5 m 时，网体应最少伸出建筑物（或最边缘作业点）4 m；当网面与作业面的高度差小于 5 m 时，网体应最少伸出建筑物（或最边缘作业点）3 m。两层平网间的距离不得超过 10 m。

（4）立网的安装平面应与水平面垂直，网平面与作业面边缘的间隙不能超过 10 cm。

（5）安全网安装完毕，经检查合格后方可使用。应经常对使用中的安全网进行外观检查，及时清除网上落物，如发现异常现象应及时更换。

（6）在被保护区域的全部作业停止后才可以拆除安全网。拆除时应自上而下并需在有经验的人员严密监督下进行。拆除人员要根据现场条件采用其他的防护措施，如戴安全帽、系安全带等。

第九节　皮肤防护用品

在生产作业环境中，常常存在各种化学的、物理的、生物的危害因素，对人体暴露的皮肤产生不断的刺激作用，进而引起皮肤的病变，如职业性痤疮、溃疡、角化过度、痒疹、糜烂、毛发改变、指甲改变以及由比例纤维引起的皮肤瘙痒等。据统计，职业性皮肤病人数约占整个职业病人数的 45% 以上，而 90% 的职业性皮肤病是可以预防的。为了保护皮肤免受侵害，除采用防护面罩、工作服和手套等防护用品外，还需辅助使用皮肤防护用品。

一、皮肤防护用品的分类

常用的皮肤防护用品有护肤剂和皮肤清洁剂。

1. 护肤剂

护肤剂是指涂抹在皮肤上，能隔离有害因素的护肤用品。护肤剂用于防止各种物理、化学等因素（如各种漆类、酸碱溶液、紫外线等）的危害。护肤剂涂在皮肤上可成为黏性被覆体和韧性膜，除一般防护作用外，有的还具有氧化、还原、中和、络合、散射以及改变毒物性质的特殊功能。护肤剂可分为油脂性和非油脂性两种，其中以油脂性较常用。按防护对象分为防一般污染剂、防水剂、防脂性制剂、防光感性油膏、防酸剂和防碱剂六类。

（1）防一般污染剂。最常见的是类似民用雪花膏的护肤剂，它以硬脂酸、碳酸钠、甘油和水配制而成，对粉尘、玻璃纤维和重油等具有一定的隔离作用。

（2）防水剂。适用于溶剂、树脂、碱、黏合剂、粉尘等作业场所，涂抹一次可持续效力 3 ~ 4 h。甲基硅油是一种有效的防水剂，常同硬脂酸锌配制而成，涂抹后容易形成薄膜，其特点是不溶于水，不影响皮肤透气，毒性低，对紫外线不敏感。防水剂除能防水、防潮湿外，还具有防晒、防沥青、防粉尘等性能。

（3）防脂性制剂。明胶、邻苯二甲酸二丁酯、聚乙烯醇缩醛、乙基纤维素等涂于皮肤上，均能形成薄膜，能防御汽油、苯、生漆、农药和有毒粉尘等侵害皮肤。防脂性制剂可用滑石粉、淀粉、甘油、植物油和硼酸等组成配方。

（4）防光感性油膏。经光线长时间照射后助长对皮肤刺激反应的物质叫光敏性物质，如沥青、焦油等。因此防光感性油膏不仅要防光敏性物质附着于皮肤上，而且还应有遮断光线的作用。二氧化三铁对紫外线透过率小、散射率大，而氨基苯甲酸和水杨酸对紫外线有较好的吸收作用，可防晒、防沥青烟。

（5）防酸剂。利用碳酸氢钠中和酸的作用，以碳酸氢钠为主，辅以滑石粉、淀粉和甘油等组成。

（6）防碱剂。硼酸有中和碱的作用。防碱剂可采用硼酸、硬脂酸、氧化锌和植物油等制成。

2. 皮肤清洁剂

皮肤清洁剂的功用主要是清洗沾染在皮肤或工作服上的尘毒等有害物质，其原理是通过润湿、分散、乳化、增溶等作用来达到洗涤的目的。洗涤剂应易溶于水中。它除了清除污物外，还应具有消毒杀菌的作用，且不会过多地洗去皮肤上的天然脂肪，对皮肤无过敏和刺激作用。

3. 皮肤防护膜

又称隐形手套，能在皮肤表明形成透明的、耐洗的、不透水、不透油但透气的保护层，有效保护时间可达 4 h，可以防止汽油、柴油、机油、油漆等物质对皮肤的伤害。

二、护肤用品选用注意事项

（1）配制的护肤剂要同肤色接近，软硬适度，无异味，不妨碍皮脂腺分泌，不易被汗水冲掉，不引起皮肤过敏、突变和癌变等。

（2）选用护肤剂，要考虑作业场所有害物质的种类、工作性质。在操作时容易出汗的作业岗位上的工人宜选用油脂性护肤剂，野外工作者和接触沥青的作业工人宜选用防光感性油膏。作业人员涂护肤剂时，皮肤应清洁、干燥，并尽量涂均匀。一般护肤剂的有效防护时间为 3~4 h，超过这个时间应重新涂抹。下班后用洗涤剂清洗去除。洗涤剂是为了洗净皮肤上的尘、毒污染物而使用的制剂。

第六章　事故应急与急救知识

随着我国经济总量的不断增长，各类生产安全事故频繁发生，应急救援不力成为生产安全事故后果严重的重要原因之一。这主要体现在一些生产经营单位对应急救援工作不重视、主体责任不落实、从业人员缺乏基本的应急常识和自救互救能力，同时有些企业安全管理混乱，制度不健全，"三违"作业严重，无事故应急救援预案，有预案无救援组织，缺少必备的应急救援器材和装备，事故发生后盲目施救等。

人们应该高度重视生产安全事故应急救援工作，从生产单位来讲要建立一套完善、有效的事故应急救援预案，提高在施工生产过程中突发事件的应变能力，以确保及时、迅速、科学有效地营救受难者，减少损失，化解事故危险状态。从生产者个人来讲，当工作场所发生人身伤害事故后，如果能采取正确的现场应急、逃生措施，可以大大降低死亡的可能性及避免一些后遗症。因此，每个职工都应熟悉急救、逃生方法，以便在事故发生后自救互救。

第一节　事故应急救援预案的编制

一、应急预案建立依据

应急预案又称应急计划，是针对可能的重大事故（件）或灾害，为保证迅速、有序、有效地开展应急与救援行动、降低事故损失而预先制定的有关计划或方法。它是在辨识和评估潜在的重大危险、事故类型、发生的可能性、发生过程、事故后果及影响严重程度的基础上，对应急机构与职责、人员、技术、装备、设施设备、物资、救援行动及其指挥与协调等方面预先做出的具体安排。它明确了在突发事故发生之前、发生过程中以及刚刚结束之后，谁负责做什么，何时做，以及相应的策略和资源准备等。

根据《中华人民共和国安全生产法》《中华人民共和国职业病防治法》《危险化学品安全管理条例》《中华人民共和国消防法》的要求，按照《安全生产事故应急预案管理办法》和《生产经营单位安全生产事故应急预案编制导则》，建立企业应急预案。

按适用对象范围划分，应急预案可分为综合预案、专项预案和现场预案三个层次。

二、应急预案的编制过程

应急预案的编制过程可分为以下五个步骤：成立预案编制小组，危险分析和应急能力评估，编制应急救援预案，应急救援预案的评审与发布，应急预案的实施。

（1）成立预案编制小组。企业管理者应首先委任预案编制小组的负责人，确定预案编制小组的成员。成员应来自企业管理、安全、生产、保卫、设备、卫生、环境、维修、人事、财务等应急救援相关部门。

（2）危险分析和应急能力评估。为了准确策划应急预案的编制目标和内容，预案编制小组首先应进行初步的资料收集，包括相关法律法规、应急预案、技术标准、国内外同行业事故案例分析、本单位技术资料、重大危险源等，从而开展危险分析和应急能力评估工作。

（3）编制应急救援预案。预案编制小组在设计应急预案编制格式时，应考虑：合理组织、连续性、一致性、兼容性。

（4）应急预案的评审与发布。应急预案编制完成后，应进行评审。内部评审由本单位主要负责人组织有关部门和人员进行。外部评审由上级主管部门或地方政府负责安全管理的部门组织审查。评审后，按规定报有关部门备案，并经生产经营单位主要负责人签署发布。

（5）应急预案的实施。应急预案签署发布后，企业应广泛宣传应急预案，使全体员工了解应急预案中的有关内容；积极组织应急预案培训工作，使各类应急人员掌握、熟悉或了解应急预案中与其承担职责和任务相关的工作程序、标准等内容。

三、应急预案编制要求

事故应急救援应在预防为主的前提下，贯彻统一指挥、分级负责、区域为主、自救与社会救援相结合的原则。按照分类管理、分级负责的原则制定应急预案，上一级预案的编制应该以下一级预案为基础。应急救援预案编制应体现科学性、实用性、权威性，在全面调查的基础上，实行领导与专家相结合的方式，开展科学分析和论证，制定出严密、统一、完整的安全生产应急救援预案。安全生产应急救援预案应符合企业的实际情况，具有实用性、可操作性。应急救援预案应明确救援工作的管理体系、救援行动的组织指挥机构以及各级救援组织的任务和职责，确保做到统一指挥和协调。

四、事故应急预案的重要性

（1）应急预案确定了应急救援的范围和体系，使应急准备和应急管理不再无据可依、无章可循。尤其是培训和演习，它们依赖于应急预案：培训可以让应急响应人员熟悉自己的责任，具备完成指定任务所需的相应技能；演习可以检验预案和行动程序，并评估应急人员的技能和整体协调性。

（2）制定应急预案有利于做出及时的应急响应，降低事故后果。应急行动对时间要求十分敏感，不允许有任何拖延。应急预案预先明确了应急各方的职责和响应程序，在应急力量和应急资源等方面做了大量准备，可以指导应急救援迅速、高效、有序地开展，将事故的人员伤亡、财产损失和环境破坏降到最低限度。此外，如果预先制定了预案，对重大事故发生后必须快速解决的一些应急恢复问题，也就很容易解决。

（3）应急预案成为城市应对各种突发重大事故的响应基础。通过编制城市的综合应急预案，可保证应急预案具有足够的灵活性，对那些事先无法预料到的突发事件或事故，也可以起到基本的应急指导作用，成为保证城市应急救援的"底线"。在此基础上，城市可以针对特定危害，编制专项应急预案，有针对性地制定应急措施，进行专项应急准备和演习。

（4）当发生超过城市应急能力的重大事故时，便于与省级、国家级应急部门的协调。

（5）有利于提高全社会的风险防范意识。应急预案的编制，实际上是辨识城市重大风险和防御决策的过程，强调各方的共同参与，因此，预案的编制、评审以及发布和宣传，有利于社会各方了解可能面临的重大风险及其相应的应急措施，有利于促进社会各方提高风险防范意识和能力。

第二节 事故现场急救通用技术

现场救护是指在事发的现场，对伤员实施及时、有效的初步救护，是立足于现场的抢救。事故发生后的几分钟、十几分钟，是抢救危重伤员最重要的时刻，医学上称为"救命的黄金时刻"，在此时间内，抢救及时、正确，生命有可能被挽救；反之，会使生命丧失或病情加重。现场及时、正确地救护，为医院救治创造条件，能最大限度地挽救伤员的生命和减轻伤残。

一、现场救护的基本步骤

现场救护的目的是挽救生命，减轻伤残。在生命得以挽救，伤病情得以防止进一步恶化这一最重要、最基本的前提下，还要注意减少伤残的发生，尽量减轻病痛，对神志清醒者要注意做好心理护理，为日后伤员身心全面康复打下良好基础。总之，现场救护的原则是：先救命，后治伤。

事故现场急救应按照紧急呼救、判断危重伤情和现场救护三大步骤进行。

1. 紧急呼救

当紧急灾害事故发生时，应尽快拨打电话120、110呼叫急救车，或拨打当地担负急救任务的医疗部门的电话。紧急呼救时，必须要用最精炼、准确、清楚的语言说明伤员目前的情况及严重程度、伤员的人数及存在的危险、需要何类急救等。

2. 判断危重伤情

在现场巡视后对伤员进行最初评估。发现伤员，尤其是处在情况复杂的现场，救护人员需要首先确认并立即处理威胁生命的情况，检查伤员的意识、气道、呼吸、循环体征等。判断危重伤情的一般步骤和方法如下：

（1）意识。先判断伤员神志是否清醒，在呼唤、轻拍、推动时，伤员会睁眼或有肢体运动等其他反应，表明伤员有意识。如伤员对上述刺激无反应，则表明意识丧失，已陷入危重状态。

（2）气道。呼吸必要的条件是保持气道畅通，如伤员有反应但不能说话、不能咳嗽、憋气，可能存在气道梗阻，必须立即检查和清除，如进行侧卧位和清除口腔异物等。

（3）呼吸。正常人每分钟呼吸 12～18 次，危重伤员呼吸变快、变浅乃至不规则，呈叹息状。在气道畅通后，对无反应的伤员进行呼吸检查，如伤员呼吸停止，应保持气道通畅，立即施行人工呼吸。

（4）循环体征。可以通过检查循环的体征如呼吸、咳嗽、运动、皮肤颜色、脉搏情况来进行判断。成人正常心跳每分钟 60～80 次。呼吸停止，心跳随之停止；或者心跳停止，呼吸也随之停止。心跳、呼吸几乎同时停止也是常见的。心律失常，以及严重的创伤、大失血等危及生命时，心跳或加快，超过每分钟 100 次；或减慢，每分钟 40～50 次；或不规则，忽快忽慢，忽强忽弱，均为心脏呼救的信号，都应引起重视。如伤员面色苍白或青紫，口唇、指甲发绀，皮肤发冷等，可以知道皮肤循环和氧代谢情况不佳。

（5）瞳孔反应。眼睛的瞳孔又称"瞳仁"，位于黑眼球中央。正常时双眼的瞳孔是等大圆形的，遇到强光能迅速缩小，很快又回到原状。用手电筒突然照射一下瞳孔即可观察到瞳孔的反应。当伤员脑部受伤、脑出血、严重药物中毒时，瞳孔可能缩小为针尖大小，也可能扩大到黑眼球边缘，对光线不起反应或反应迟钝。有时因为出现脑水肿或脑疝，使双眼瞳孔一大一小。瞳孔的变化表示脑病变的严重性。

（6）开放性损伤。对伤员的头部、颈部、胸部、腹部、盆腔和脊柱、四肢进行检查，看有无开放性损伤、骨折畸形、触痛、肿胀等体征，有助于对伤员的病情判断。

3. 现场救护

（1）采取正确的救护体位。对于意识不清者，取仰卧位或侧卧位，便于复苏操作及评估复苏效果。在可能的情况下，翻转为仰卧位（心肺复苏体位）时应放在坚硬的平面上，救护人员需要在检查后进行心肺复苏。

若伤员没有意识但有呼吸和脉搏，为了防止呼吸道被舌后坠或唾液及呕吐物阻塞引起窒息，对伤员应采用侧卧位（复原卧式位），唾液等容易从口中引流。体位应保持稳定，易于伤员翻转其他体位，保持利于观察和通畅的气道；超过 30 min，翻转伤员到另一侧。

注意不要随意移动伤员，以免造成伤害。如不要用力拖动、拉起伤员，不要搬动和摇动已确定有头部或颈部外伤者等。有颈部外伤者在翻身时，为防止颈椎再次损伤引起截瘫，另一人应保持伤员头、颈部与身体同一轴线翻转，做好头、颈部的固定。

（2）打开气道。伤员呼吸、心跳停止后，全身肌肉松弛，口腔内的舌肌也松弛下坠而阻塞呼吸道。采用开放气道的方法，可使阻塞呼吸道的舌根上提，使呼吸道畅通。

用最短的时间，先将伤员衣领口、领带、围巾等解开，戴上手套迅速清除伤员口鼻内的污泥、土块、痰、呕吐物等异物，以利于呼吸道畅通，再将气道打开。

（3）人工呼吸。救护人员经检查后判断伤员呼吸停止，应在现场立即给予口对口（口对鼻、口对口鼻）、口对呼吸面罩等人工呼吸救护措施。

（4）胸外挤压。胸外挤压是采用人工方法帮助心脏跳动，维持血液循环，最后使病人恢复心跳的一种急救技术。挤压时，不宜用力过大、过猛，部位要准确，不可过高或过低。否则，易致胸骨、肋骨骨折，内脏损伤，或者将食物从胃中挤出，逆流入气管，引起呼吸道梗阻。胸外心脏按压常常与口对口呼吸法同时进行。在施行胸外心脏按压的同时，要配合心律注射急救药物，如肾上腺素、异丙基肾上腺素等强心针。如果病人体弱或是小孩，则挤压用力要小些，甚至可用单手挤压。

（5）紧急止血。救护人员要注意检查伤员有无严重出血的伤口，如有出血，要立即采取止血救护措施，避免因大出血造成休克而死亡。

（6）局部检查。对于同一伤员，第一步处理危及生命的全身症状，再注意处理局部。要对头部、颈部、胸部、腹部、背部、骨盆、四肢各部位进行检查，检查出血的部位和程度、骨折部位和程度、渗血、脏器脱出和皮肤感觉丧失等。

二、几种常用的现场救护通用技术

1. 心肺复苏法

当心跳、呼吸骤停后，循环呼吸即告终止。在呼吸循环停止后4～6 min，脑组织即可发生不易逆转的损伤；心跳停止10 min后，脑细胞基本死亡。所以必须争分夺秒，采用心肺复苏法（人工呼吸和胸外心脏按压法）进行现场急救。

（1）人工呼吸的操作方法：当呼吸停止、心脏仍然跳动或刚停止跳动时，用人工的方法使空气进出肺部，供给人体组织所需要的氧气，称为人工呼吸法。采用人工的方法来代替肺的呼吸活动，可及时而有效地使气体有节律地进入和排出肺脏，维持通气功能，促使呼吸中枢尽早恢复功能，使处于"假死"的伤员尽快脱离缺氧状态，恢复人体自主呼吸。因此，人工呼吸是复苏伤员的一种重要的急救措施。

人工呼吸法主要有两种，一种是口对口人工呼吸法（见图6—1），即让伤员仰面平躺，救护者跪在伤员一侧，一手将伤员下颌合上并向后托起，使伤员头部尽量后仰，以保持呼吸道畅通。另一手捏紧伤员的鼻孔（避免

图6—1　口对口人工呼吸法

漏气），并用手掌外缘压住额部。深吸一口气后，对准伤员的口，用力将气吹入。同时仔细观察伤员的胸部是否扩张隆起，以确定吹气是否有效和吹气是否适度。当伤员的前胸壁扩张后，停止吹气，立即放松捏鼻子的手，并迅速移开紧贴的口，让伤员胸廓自行弹回呼出空气。此时注意胸部复原情况，倾听呼气声，如吹气时伤员胸臂上举，吹气停止后伤员口鼻有气流呼出，表示有效。重复上述动作，并保持一定的节奏，每分钟均匀地做 16～20 次，直至伤员自主呼吸为止。

另一种是口对鼻吹气法。如果伤员牙关紧闭不能撬开或口腔严重受伤时，可用口对鼻吹气法。用一手闭住伤员的口，以口对鼻吹气。

（2）胸外心脏按压的操作方法：若感觉不到伤员脉搏，说明心跳已经停止，需立即进行胸外心脏按压。具体做法是：让伤员仰卧在地上，头部后仰；抢救者跪在伤员身旁或跨跪在伤员腰的两旁，用一手掌根部放在伤员胸骨下 1/3～1/2 处，另一手重叠于前一手的手背上；两肘伸直，借自身体重和臂、肩部肌肉的力量，急促向下压迫胸骨，使其下陷 3～4 cm；按压后迅速放松（注意掌根不能离开胸壁），依靠胸廓的弹性，使胸骨复位。此时心脏舒张，大静脉的血液就回流到心脏。反复地有节律地进行挤压和放松，每分钟 60～80 次。在按压的同时，要随时观察伤员的情况。如能摸到颈动脉和股动脉等搏动，而且瞳孔逐渐缩小，面有红润，说明心脏按压已有效，即可停止。

（3）进行心肺复苏时要注意的问题：

1）实施人工呼吸前，要解开伤员领扣、领带、腰带及紧身衣服，必要时可用剪刀剪开，不可强撕强扯。清除伤员口腔内的异物，如黏液、血块等；如果舌头后缩，应将舌头拉出口外，以防堵塞喉咙，妨碍呼吸。

2）口对口吹气的压力要掌握好，开始可略大些，频率也可稍快些，经过一二十次人工吹气后逐渐降低压力，只要维持胸部轻度升起即可。

3）进行胸外心脏按压抢救时，抢救者掌根的定位必须准确，用力要垂直适当，要有节奏地反复进行，防止因用力过猛而造成继发性组织器官的损伤或肋骨骨折。

4）按压频率要控制好，有时为了提高效果，可加大频率，达到每分钟100次左右。抢救工作要持续进行，除非断定伤员已复苏，否则在伤员没有送达医院之前，抢救不能停止。

一般来说，心脏跳动和呼吸过程是相互联系的，心脏跳动停止了，呼吸也将停止；呼吸停止了，心脏跳动也持续不了多久。因此，通常在做胸外心脏按压的同时，进行口对口人工呼吸，以保证氧气的供给，如图6—2所示。一般每吹气一次，按压胸骨3～4次。如果现场仅一人抢救，两种方法应交替进行：每吹气2～3次，就按压10～15次，也可将频率适当提高一些，以保证抢救效果。

图6—2　同时进行胸外心脏按压和人工呼吸

2. 止血法和包扎法

人体在突发事故中引起的创伤，如割伤、刺伤、物体打击和碾伤等，常伴有不同程度的软组织和血管的损伤，造成出血征象。一般来说，一个人的全身血量在4 500 mL左右。出血量少时，一般不影响伤员的血压、脉搏变化；出血量中等时，伤员就有乏力、头昏、胸闷、心悸等不适，有轻度的脉搏加快和血压轻度降低；若出血量超过1 000 mL，血压就会明显降低，肌肉抽搐，甚至神志不清，呈休克状态，若不迅速采取止血措施，就会有生命危险。

（1）常用止血方法及适用部位。常用的止血方法主要是压迫止血法、止血带止血法、加压包扎止血法和加垫屈肢止血法等。

1）压迫止血法。这是一种最常用、最有效的止血方法，适用于头、颈、四肢动脉大血管出血的临时止血。当一个人负伤流血以后，只要立刻用手指或手掌用力压紧伤口附近靠近心脏一端的动脉跳动处，并把血管压紧在骨头上，就能很快起到临时止血的效果。

若头部前面出血时，可在耳前对着下颌关节点压迫颞动脉，如图6—3a所示；头部后面出血时，应压迫枕动脉止血，压迫点在耳后乳突附近的搏动处。颈部动脉出血时，要压迫颈总动脉，此时可用手指揿在一侧颈根部，向中间的颈椎横突压迫，但绝对禁止同时压迫两侧的颈动脉，以免引起大脑缺氧而昏迷。腋窝、肩部及上肢出血，可采用锁骨下动脉压迫出血法，方法是用拇指在锁骨上凹摸到动脉跳动处，其余四指放在病人颈后，以拇指向下内方压向第一肋骨，如图6—3b所示。前臂动脉出血时，压迫肱动脉，用四个手指掐住上臂肌肉并压向臂骨。大腿动脉出血时，压迫股动脉，压迫点在腹股沟皱纹中点搏动处，用手掌向下方的股骨面压迫。

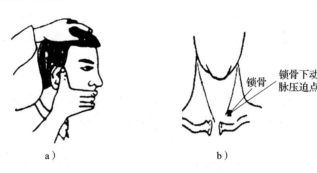

a）　　　　　　　　　　　　b）

图6—3　压迫止血法

a）颞动脉压迫点　b）锁骨下动脉压迫点

2）止血带止血法。适用于四肢大出血。用止血带（一般用橡皮管、橡皮带）绕肢体绑扎打结固定。上肢受伤可扎在上臂上部1/3处，下肢扎于大腿的中部。若现场没有止血带，也可以用纱布、毛巾、布带等环绕肢体打结，在结内穿一根短棍，转动此棍使带绞紧，直到不流血为止。在绑扎和绞止血带时，不要过紧或过松，过紧易造成皮肤或神经损伤，过松则起不到止血的作用。

3）加压包扎止血法。适用于小血管和毛细血管的止血。先用消毒纱布或干净毛巾敷在伤口上，再垫上棉花，然后用绷带紧紧包扎，以达到止血的目的。若伤肢有骨折，还要另加夹板固定。

4）加垫屈肢止血法。多用于小臂和小腿的止血，它利用肘关节或膝关节的弯曲功能，压迫血管达到止血目的。在肘窝或腘窝内放入棉垫或布垫，然后使关节弯曲到最大限度，再用绷带把前臂与上臂（或小腿与大腿）固定。

如果创伤部位有异物但不在重要器官附近，可以拔出异物，处理好伤口。如无把握就不要随便将异物拔掉，应立即送医院，经医生检查，确定未伤及内脏及较大血管时，再拔出异物，以免发生大出血而措手不及。

（2）常用包扎法及适用部位。有外伤的伤员经过止血后，就要立即用急救包、纱布、绷带或毛巾等包扎起来。及时、正确的包扎，既可以起到止血的作用，又可保持伤口清洁，防止污物进入，避免细菌感染。当伤员有骨折或脱臼时，包扎还可以起到固定敷料和夹板的作用，以减轻伤员的痛苦，并为安全转送医院救治打下良好的基础。

1）绷带包扎。绷带包扎法主要有：

①环形包扎法。适用于颈部、腕部和额部等处，绷带每圈需完全或大部分重叠，末端用胶布固定，或将绷带尾部撕开打一活结固定。

②螺旋包扎法。多用于前臂和手指包扎，先用环形法固定起始端，把绷带渐渐斜旋上缠或下缠，每圈压前圈的一半或1/3，呈螺旋形，尾端在原位缠两圈予以固定，如图6—4所示。

③"8"字形包扎法。多用于肘、膝、腕和踝等关节处，包扎是以关节为中心，从中心向两边缠，一圈向上，一圈向下地包扎。

④回转包扎法。用于头部的包扎（见图6—5），自右耳上开始，经额、左耳上、枕外粗隆下，然后回到右耳上始点，缠绕两圈后到额中时，将带反折，用左手拇指、食指按住，绷带经过头顶中

央到枕外粗隆下面，由伤员或助手按住此点，绷带在中间绷带的两侧回返，直到包盖住全头部，然后缠绕两圈加以固定。

图6—4　螺旋包扎法　　　　图6—5　回转包扎法

2）三角巾包扎。三角巾包扎法主要有：

①头部包扎法。将三角巾底边折叠成两指宽，中央放于前额并与眼眉平齐，顶尖拉向脑后，两底角拉紧，经两耳的上方绕到头的后枕部打结。如三角巾有富裕，在此交叉再绕回前额结扎，如图6—6所示。

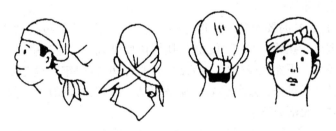

图6—6　三角巾头部包扎法

②面部包扎法。先在三角巾顶角打一结，套在下颌处，罩于头面部，形似面具。底边拉向后脑枕部，左右角拉紧，交叉压住底边，再绕至前额打结。包扎后，可根据情况，在眼、口处剪开小洞。

③上肢包扎法，上臂受伤时，可把三角巾一底角打结后套在受伤的那只手臂的手指上，把另一底角拉到对侧肩上，用顶角缠绕伤臂并用顶角上的小布带结扎，然后把受伤的前臂弯曲到胸前，呈近

直角形，最后把两底角打结。

④下肢包扎法。膝关节受伤时，应根据伤肢的受伤情况，把三角巾折成适当宽度，使之成为带状；然后把它的中段斜放在膝的伤处，两端拉向膝后交叉，再缠绕到膝前外侧打结固定，如图6—7所示。

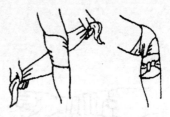

图6—7　膝部三角巾包扎法

（3）止血和包扎时要注意的问题

1）采用压迫止血法时，应根据不同的受伤部位，正确选择指压点；采用止血带止血时，注意止血带不能直接和皮肤接触，必须先用纱布、棉花或衣服垫好。每隔1 h松解止血带2～3 min，然后在另一稍高的部位扎紧，以暂时恢复血液循环。

2）扎止血带的部位不要离出血点太远，以免使更多的肌肉组织缺血、缺氧。严重挤压的肢体或伤口远端肢体严重缺血时，禁止使用止血带。

3）包扎时要做到快、准、轻、牢。"快"就是包扎动作要迅速、敏捷、熟练；"准"就是包扎部位要准确；"轻"就是包扎动作要轻柔，不能触碰伤口，打结也要避开伤口；"牢"就是要牢靠，不能过紧或过松，过紧会妨碍血液流动、影响血液循环，过松容易造成绷带脱落或移动。

4）头部外伤和四肢外伤一般采用三角巾包扎和绷带包扎。如果抢救现场没有三角巾或绷带，可利用衣服、毛巾等物代替。

5）在急救中，如果伤员出现大出血或休克情况，则必须先进行止血和人工呼吸，不要因为忙于包扎而耽误了抢救时间。

3. 断肢（指）与骨折处理

（1）断肢（指）处理。发生断肢（指）后，除做必要的急救外，还应注意保存断肢（指），以求进行再植。保存的方法是：将断肢（指）用清洁纱布包好，放在塑料袋里。不要用水冲洗断肢（指），也不要用各种溶液浸泡。若有条件，可将包好的断肢（指）

置于冰块中，冰块不能直接接触断肢（指）。然后将断肢（指）随伤员一同送往医院。

在工作中如果发生手外伤时，首先采取止血包扎措施。如有断手、断肢要立即拾起，把断手用干净的手绢、毛巾、布片包好，放在没有裂缝的塑料袋或胶皮带内，将袋口扎紧。然后在口袋周围放冰块、雪糕等降温。做完上述处理后，救护人员应立即把断肢随伤员送往医院，让医生进行断肢再植手术。切记不要在断肢上涂碘酒、酒精或其他消毒液，否则会使组织细胞变质，造成不能再植的严重后果。

（2）骨折的固定方法。骨骼受到外力作用时，发生完全或不完全断裂时叫作骨折。按照骨折端是否与外相通，骨折分为两大类，即闭合性骨折与开放性骨折。前者骨折端不与外界相通，后者骨折端与外界相通。从受伤的程度来说，开放性骨折一般伤情比较严重。遇有骨折类伤害，应在做好紧急处理后，再送医院抢救。

为了使伤员在运送途中安全，防止断骨刺伤周围的神经和血管组织，加重伤员痛苦，对骨折处理的基本原则是尽量不让骨折肢体活动，不要进行现场复位。因此，要利用一切可以利用的条件，及时、正确地对骨折做好临时固定。

1）上肢肱骨骨折的固定。可用夹板（或木板、竹片、硬纸夹等）放在上臂内外两侧，用绷带或布带缠绕固定，然后把前臂屈曲固定于胸前。也可用一块夹板放在骨折部位的外侧，中间垫上棉花或毛巾，再用绷带或三角巾固定。

2）前臂骨折的固定。用长度与前臂相当的夹板夹住受伤的前臂，再用绷带或布带自肘关节至手掌进行缠绕固定，然后用三角巾将前臂吊在胸前，如图6—8所示。

3）股骨骨折的固定。用两块一定长度的夹板，其中一块的长度与腋窝至足跟的长度相当，另一块的长度与伤员的腹股

图6—8 前臂骨折固定法

沟到足跟的长度相当。长的一块放在伤肢外侧腋窝下并和下肢平行，短的一块放在两腿之间，用棉花或毛巾垫好肢体，再用三角巾或绷带分段扎牢固定，如图6—9所示。

图6—9　股骨骨折的固定法

4）小腿骨折的固定。取长度相当于由大腿中部到足跟长的两块夹板，分别放在受伤的小腿内外两侧，用棉花或毛巾垫好，再用三角巾或绷带分段固定。也可用绷带或三角巾将受伤的小腿和另一条没有受伤的腿固定在一起，如图6—10所示。

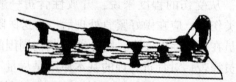

图6—10　小腿骨折固定方法

5）脊椎骨折的固定。这是一种大型固定。由于伤情较重，在转送前必须妥善固定。取一块平肩宽长木板垫在背后，左右腋下各置一块稍低于身厚约2/3的木板，然后分别在小腿膝部、臀部、腹部、胸部用宽带予以固定。颈椎骨折者应在头部两侧置沙袋固定头部，使其不能左右摆动。

（3）骨折临时固定时要注意的问题

1）骨折部位如有开放性伤口和出血，应先止血，并包扎伤口，然后再进行骨折的临时固定；如有休克，应先进行人工呼吸。

2）对于有明显外伤畸形的伤肢，只要做临时固定进行大体纠正即可，而不需要按原形完全复位，也不必把露出的断骨送回伤口，否则会给伤员增加不必要的痛苦，或因处理不当使伤情加重。要注意防止伤口感染和断骨刺伤血管、神经，以免给以后的救治造成困难。

3）对于四肢和脊柱的骨折，要尽可能地就地固定。在固定前，不要随意移动伤肢或翻动伤员。为了尽快找到伤口，又不增加伤员的痛苦，可剪开伤员的衣服和裤子。固定时不可过紧或过松。四肢骨折应先固定骨折上端，再固定下端，并露出手指或趾尖，以便观察血液循环情况。如发现指（趾）尖苍白发冷且呈青紫色，说明包扎过紧，要放松后重新固定。

4）临时固定用的夹板和其他可用于固定的材料，其长度和宽度要与受伤的肢体相称；夹板应能托住整个伤肢。除了把骨折的上下两端固定好外，如遇关节处，要同时把关节固定好。

5）夹板或简易材料不能与皮肤直接接触，要用棉花或毛巾、布单等柔软物品垫好，尤其在夹板的两端、骨头突出的地方和空隙的部位，都必须垫好。

4．安全转移——伤员的搬运

经过急救以后，就要把伤员迅速地送往医院。搬运伤员也是救护的一个非常重要的环节。如果搬运不当，可使伤情加重，严重时还可能造成神经、血管损伤，甚至瘫痪，难以治疗。因此，对伤员的搬运应十分小心。

（1）单人搬运法。如果伤员伤势不重，可采用扶、掮、背、抱等方法将伤员运走。

1）单人扶着行走。即左手拉着伤员的手，右手扶住伤员的腰部，慢慢行走。此法适于伤员伤势不重，神志清醒时使用。

2）肩膝手抱法。若伤员不能行走，但上肢还有力量，可让伤员钩在搬运者颈上。此法禁用于脊柱骨折的伤员。

3）背驮法。先将伤员支起，然后背着走。

（2）双人搬运法

1）平抱着走。即两个搬运者站在同侧，并排同时抱起伤员。

2）膝肩抱着走。即一人在前面提起伤员的双腿，另一人从伤员的腋下将其抱起。

3）用靠椅抬着走。即让伤员坐在椅子上，一人在后面抬着靠背部，另一人在前抬椅腿。

（3）几种严重伤情的搬运法

1）颅脑伤昏迷者搬运。首先要清除伤员身上的泥土、堆盖物，解开衣襟。搬运时要重点保护头部，伤员在担架上应采取半俯卧位，头部侧向一边，以免呕吐时呕吐物阻塞气道而窒息，若有暴露的脑组织应保护好。抬运应两人以上，抬运前头部给以软枕，膝部、肘部要用衣物垫好，头颈部两侧垫衣物使颈部固定。

2）脊柱骨折者搬运。脊柱骨俗称背脊骨，包括胸椎、腰椎等。脊柱骨折伤员如果现场急救处理不当，容易增加痛苦，造成不可挽回的后果。对于脊柱骨折的伤员，一定要用木板做的硬担架抬运。应由2~4人配合，使伤员呈一线起落，步调一致，切忌一人抬胸、一人抬腿（见图6—11）。伤员放到担架上以后，要让其平卧，腰部垫一个衣服垫，然后用3~4根布带把伤员固定在木板上，以免在搬运中滚动或跌落，造成脊柱移位或扭转，刺激血管和神经，使下肢瘫痪。

图6—11　脊柱骨折伤员的错误搬运法

无担架、木板，需众人用手搬运时，抢救者必须有一人双手托住伤者腰部（见图6—12），切不可单独一人用拉、拽的方法抢救伤者。否则，易把受伤者的脊柱神经拉断，而造成下肢永久性瘫痪的严重后果。

图6—12 脊柱骨折伤员的正确搬运法

3）颈椎骨折者搬运。搬运颈椎骨折伤员时，应由一人稳定头部，其他人以协调力量平直抬至担架上，头部左右两侧用衣物、软枕加以固定，防止摆动。

（4）搬运伤员时要注意的问题

1）在搬运转送之前，要先做好对伤员的检查和完成初步的急救处理，以保证转运途中的安全。

2）要根据受伤的部位和伤情的轻重，选择适当的搬运方法。

3）搬运行进中，动作要轻，脚步要稳，步调要一致，避免摇晃和振动。

4）用担架抬运伤员时，要使伤员脚朝前、头在后，以使后面的抬送人员能及时看到伤员的面部表情。

第三节 常见事故现场的紧急救护

一、中毒窒息的救护

一氧化碳、二氧化氮、二氧化硫、硫化氢等超过允许浓度时，均能使人吸入后中毒。发生中毒窒息事故后，救援人员千万不要贸然进入现场施救，首先要做好预防工作，避免成为新的受害者。具体可按照下列方法进行抢救：

1. 通风

加强全面通风或局部通风，用大量新鲜空气对中毒区的有毒、有害气体进行稀释，待有害气体浓度降到允许值时，方可进入现场抢救。

2. 做好防护工作

救护人员在进入危险区域前必须戴好防毒面具、自救器等防护用品，必要时也应给中毒者戴上，迅速将中毒者小心地从危险的环境转移到安全、通风的地方。如果需要在一个有限的空间，如深坑或地下某个场所进行救援工作，应发出报警以求帮助。单独进入危险地方帮助某人时，可能导致两人都受伤。如果伤员失去知觉，可将其放在毛毯上提拉，或抓住衣服，头朝前转移出去。

3. 进行有效救治

如果是一氧化碳中毒，中毒者还没有停止呼吸，则应脱去中毒者被污染的衣服，松开领口、腰带，使中毒者能够顺畅地呼吸新鲜空气，也可让中毒者闻氨水解毒；如果呼吸已停止但心脏还在跳动，则应立即进行人工呼吸，同时针刺人中穴；若心脏跳动也停止了，应迅速进行心脏胸外挤压，同时进行人工呼吸。

对于硫化氢中毒者，在进行人工呼吸之前，要用浸透食盐溶液的棉花或手帕盖住中毒者的口鼻。

如果是瓦斯或二氧化碳窒息，情况不太严重时，可把窒息者移到空气新鲜的场所稍作休息；若窒息时间较长，就要进行人工呼吸抢救。

如果毒物污染了眼部、皮肤，应立即用水冲洗；对于口服毒物的中毒者，应设法催吐，简单有效的办法是用手指刺激舌根；对腐蚀性毒物可口服牛奶、蛋清、植物油等进行保护。

救护中，抢救人员一定要沉着，动作要迅速。对任何处于昏睡或不清醒状态的中毒人员，必须尽快送往医院进行诊治，如有必要，还应有一位能随时给病人进行人工呼吸的人同行。

二、触电的救护

当通过人体的电流较小时，仅产生麻感，对机体影响不大。当通过人体的电流增大，但小于摆脱电流时，虽可能受到强烈打击，但还能自己摆脱电源，伤害可能不严重。当通过人体的电流接近或达到致命电流时，触电伤员会出现神经麻痹、血压降低、呼吸中断、心脏停止跳动等征象，外表上呈现昏迷不醒的状态，同时面色苍白、口唇紫绀、瞳孔扩大、肌肉痉挛，呈全身性电休克所致的假死状态，这样的伤员必须立即在现场进行心肺复苏抢救。有资料表明，触电后 3 min 开始救治者，90% 有良好效果；触电后 6 min 开始救治者，50% 可能复苏成功；触电后 12 min 再开始救治，救活的可能性很小。

1. 触电后的急救

（1）低压触电者脱离电源。人触电以后，可能由于痉挛、失去知觉或中枢神经失调而紧抓带电体，不能自行脱离电源。这时，使触电者尽快脱离电源是救治触电者的首要条件。触电急救的基本原则是动作迅速、方法正确。

1）如果电源开关或电源插头在触电地点附近，可立即断开开关或拔出插头，切断电源。要注意的是，由于拉线开关和平开关只控制一根线，如错误地安装在工作零线上，则断开开关只能切断负荷而不能切断电源。

2）如果电源开关或电源插头不在触电地点附近，可用带绝缘柄的电工钳或用带干燥木柄的斧头切断电源，或用干木板等绝缘物质插入触电者身下，隔断电流。

3）如果电线搭落在触电者身上或被压在身下，可用干燥的木棒、木板、绳索、手套等绝缘物作为工具，拉开触电者或挑开电线；切不可用手拉触电者，也不能用金属或潮湿的东西挑电线。

4）如果触电者的衣服是干燥的，又没有紧缠在身上，可以用一只手抓住他的衣服拉离电源。但因触电者的身体是带电的，其鞋的绝缘也可能遭到破坏，所以救护人不得接触触电者的皮肤，也不能抓他的鞋。

（2）高压触电者脱离电源

1）立即通知有关部门停电。

2）带上绝缘手套、穿上绝缘靴，用相应电压等级的绝缘工具断开开关。

3）如果事故发生在线路上，可抛掷裸金属线使线路短路接地，迫使保护装置动作，切断电源。抛掷金属线前，一定要将金属线一端可靠接地，然后再抛掷另一端。被抛出的一端不可触及触电者和其他人。

（3）对触电者进行现场急救。触电者脱离电源后，应根据触电者的具体情况，迅速地对症救治。

1）如果触电者伤势不重、神志清醒，但有些心慌、四肢麻木、全身无力，或触电者曾一度昏迷但已清醒过来，应让触电者安静休息，注意观察并请医生前来治疗。

2）如果触电者伤势较重，已经失去知觉，但心脏跳动和呼吸还未中断，应让触电者安静地平卧，解开其紧身衣服以利呼吸；保持空气流通；若天气寒冷，则应注意保温。严密观察，速请医生治疗或送往医院。

3）如果触电者伤势严重，呼吸停止或心脏跳动停止，应立即实施口对口人工呼吸或胸外心脏按压进行急救；若呼吸和心跳都已停止，则应同时进行口对口人工呼吸和胸外心脏按压急救，并速请医生治疗或送往医院。在送往医院的途中，不能中止急救。

4）若触电的同时发生外伤，应根据情况酌情处理。对于不危及生命的轻度外伤，可以在触电急救之后处理；对于严重的外伤，在实施人工呼吸和胸外心脏按压的同时进行处理；如伤口出血，应予以止血，进行包扎，以防感染。

2. 救护时要注意的问题

（1）救护人员切不可直接用手、其他金属或潮湿的物件作为救护工具，而必须使用干燥绝缘的工具。救护人员最好只用一只手操作，以防自己触电。

（2）为防止触电者脱离电源后可能摔倒，应准确判断触电者倒下的方向，特别是在触电者身在高处的情况下，更要采取防摔措施。

（3）人在触电后，有时会有较长时间的"假死"，因此，救护人员应耐心进行抢救，不可轻易中止，但切不可给触电者打肾上腺素等强心针。

（4）触电后，即使触电者表面的伤害看起来不严重，也必须接受医生的诊治，因为身体内部可能会有严重的烧伤。

三、烧伤的救护

烧伤是指各种热力、化学物质、电流及放射线等作用于人体后造成的特殊损伤。在生产过程中有时会受到一些明火、高温物体烧烫伤害，严重的烧伤会破坏身体防病的重要屏障，血浆液体迅速外渗，血液浓缩，体内环境发生剧烈变化，产生难以抑制的疼痛。这时伤员很容易发生休克，危及生命。所以烧伤的紧急救护不能延迟，要在现场立即进行。烧伤救护的基本原则是：消除热源、灭火、自救互救。

1. 化学烧伤的救护

化学物质对人体组织有热力、腐蚀致伤作用，一般称为化学烧伤。其烧伤的程度取决于化学物质的种类、浓度和作用持续时间。常见的化学烧伤有碱烧伤和酸烧伤。常见化学烧伤的救护方法如下：

（1）生石灰烧伤。迅速清除石灰颗粒，用大量流动的洁净冷水冲洗，至少10 min以上，尤其是眼内烧伤，更应彻底冲洗。切忌将受伤部位用水浸泡，防止生石灰遇水产生大量热量而加重烧伤。

（2）磷烧伤。迅速清除磷以后，用大量流动的洁净冷水冲洗，至少10 min以上；然后用5%碳酸氢钠或食用苏打水湿敷创面，使创面与空气隔绝，防止磷在空气中氧化燃烧而加重烧伤。

（3）强酸烧伤。强酸包括硫酸、盐酸、硝酸。出现皮肤烧伤情况后，应立即用大量清水冲洗至少10 min（除非另有说明）。如果衣服被污染，应立即脱掉或将污染的部位撕掉，同时用大量清水冲洗，还可用4%碳酸氢钠或2%苏打水冲洗中和。

若眼部烧伤，首先采取简易的冲洗方法，即用手将患眼撑开，把面部浸入清水中，将头轻轻摇动，冲洗时间不低于20 min。切忌用手或手帕揉擦眼睛，以免增加创伤。

吸入性烧伤可出现咳血性泡沫痰、胸闷、流泪、呼吸困难、肺水肿等症状，此时要注意保持呼吸道畅通，可用2%~4%碳酸氢钠雾化吸入。

消化道烧伤后上腹部剧痛、呕吐大量褐色物及食道、胃黏膜碎片，此时可口服牛奶、蛋清、豆浆、食用植物油任一种，每次200 mL，以保护消化道黏膜。严禁催吐或洗胃，也不得口服碳酸氢钠，以免因产生大量的二氧化碳而导致穿孔。

（4）强碱烧伤。强碱包括氢氧化钠、氢氧化钾、氧化钾等。皮肤被强碱烧伤后，需用大量清水彻底冲洗创面，直到皂样物质消失为止；也可用食醋或2％的醋酸冲洗中和或湿敷。

眼部烧伤至少用清水冲洗20 min以上。严禁用酸性物质冲洗眼内，可在清水冲洗后点眼药水。

误服强碱后，应立即口服食醋、柠檬汁以起到中和作用，也可口服牛奶、蛋清、豆浆、食用植物油任一种，每次200 mL，以保护消化道黏膜。严禁催吐或洗胃。

需要注意的是，严重烧伤早期应及时给伤员补充体液，防止休克。最好口服烧伤饮料、含盐饮料，少量多次饮用。不要单纯喝白水、糖水，更不可一次饮水过多。

2. 热烧伤的救护

火焰、开水、蒸汽、热液体或固体直接接触于人体引起的烧伤，都属于热烧伤，其烧伤程度取决于作用物体的温度和作用持续的时间。严重烧伤是很危险的，急性期要过三关，即休克关、感染关、窒息关；后期还需进行整形植皮，严重烧伤的病人需施行几十次手术，最终也很难恢复到烧伤前的外形和功能。热烧伤的救护方法如下：

（1）轻度烧伤尤其是不严重的肢体烧伤，应立即用清水冲洗或将患肢浸泡在冷水中10~20 min；如不方便浸泡，可用湿毛巾或布单盖在患部，然后浇冷水，以使伤口尽快冷却降温，减轻热力引起的损伤。穿着衣服的部位烧伤严重，不要先脱衣服，否则易使烧伤处的水疱皮一同撕脱，造成伤口创面暴露，增加感染机会。应立即朝衣服上面浇冷水，待衣服局部温度快速下降后，再轻轻脱去衣服或用剪刀剪开衣服。

（2）若烧伤处已有水疱形成，小的水疱不要随便弄破，大的水疱应到医院处理或用消毒过的针刺一小孔排出疱内液体，以免影响创面修复，增加感染机会。

（3）烧伤创面一般不做特殊处理，不要在创面上涂抹任何有刺激性的液体或不清洁的粉或油剂，只需保持创面及周围清洁即可。较大面积烧伤用清水冲洗清洁后，最好用干净纱布或布单覆盖创面，并尽快送往医院治疗。

（4）火灾引起烧伤，伤员衣服着火时应立即脱去，如果一时难以脱下来，可让伤员卧倒在地滚压灭火，或用水浇灭火焰。冬天身穿棉衣时，有时明火熄灭，暗火仍燃，衣服如有冒烟现象应立即脱下或剪去以免继续烧伤。切勿带火奔跑或用手拍打，否则可能使得火借风势越烧越旺，使手被烧伤。也不可在火场大声呼喊，以免导致呼吸道烧伤。要用湿毛巾捂住口鼻，以防烟雾吸入导致窒息或中毒。

（5）重要部位烧伤后，抢救时要特别注意。如头面部烧伤后，常极度肿胀，且容易引起继发性感染，导致形态改变、畸形和功能障碍。呼吸道烧伤，如吸入热气流会导致呼吸道黏膜充血水肿，严重者甚至黏膜坏死、脱落，导致气道阻塞；吸入火焰烟雾或化学蒸气烟雾，会使支气管痉挛，肺充血水肿，降低通气功能而造成呼吸窘迫。由于呼吸道烧伤属于内脏烧伤，容易被漏诊因而延误抢救，以致造成早期死亡。因此，要密切观察伤员有无进展性呼吸困难，并及时护送到医院做进一步诊断治疗。

3. 电烧伤的救护

电烧伤是电能转化成热能造成的烧伤。由于电能的特殊作用，电烧伤所造成的软组织损伤是不规则的立体烧伤，烧伤口小、基底大而深，不能单纯用烧伤部位的面积来衡量烧伤的程度，而应该同时注意其深度及全身情况。

电烧伤有两种情况。一种是接触性电烧伤，又称电灼伤，是人体与带电体直接接触，电流通过人体时产生的热效应的结果。在人体与带电体的接触处，接触面积一般较小，电流密度可达很大数值，又因皮肤电阻较体内组织电阻大许多倍，故在接触处产生很大的热量，致使皮肤灼伤。另一种是电弧烧伤，电气设备的电压较高时产生的强烈电弧或电火花，瞬间所产生的温度高达2 500～3 000℃，可烧伤人体，甚至击穿人体的某一部位，而使电弧电流直接通过内部组织或器官，造成深部组织坏死。

电烧伤后体表一般有一个入口和相应的出口，且入口比出口损伤重。电弧烧伤一般不会引起心脏纤维性颤动，更为常见的是人体由于呼吸麻痹而死亡，故抢救时应先进行呼吸的复苏；有神志障碍者，头部可用冰帽或冰袋冷敷。

四、溺水事故的救护

1. 水中救护

（1）自救。当发生溺水时，不熟悉水性者除及时呼救外，取仰卧位，头部向后，使鼻部可露出水面呼吸；呼气要浅，吸气要深，尽可能浮出水面；此时千万不要慌张，不要将手臂上举乱扑动而使身体下沉更快。会游泳者，如果发生小腿抽筋，要保持镇静，采取仰泳位，用手将抽筋的腿的脚趾向背侧弯曲，可使痉挛松懈，然后慢慢游向岸边。救护者应迅速游到溺水者附近，观察清楚位置，从其后方出手救援；或投入木板、救生圈、长杆等，让落水者攀扶上岸。

（2）救护。营救人员迅速接近落水者，从其后面靠近，不要让慌乱挣扎的落水者抓住以免发生危险。从后面双手托住落水者的头部，两人均采用仰泳，将其带至安全处。有条件的采用可漂移的脊柱板救护伤员，必要时进行口对口人工呼吸。

2. 岸上救护

（1）将伤员抬出水面后，应立即清理溺水者口鼻内的污泥、痰涕，用纱布裹住手指将落水者的舌头拉出口外，解开衣扣，以保持呼吸畅通。然后抱起落水者的腰腹部，使其背朝上、头下垂进行倒水；或者抱起落水者双腿，将其腰腹部放在施救者的肩上，快步奔跑使积水倒出；或者施救者采取半跪位，将伤员的腹部放在施救者腿上，使其头部下垂，并用手平压背部进行倒水。

（2）溺水者获救后，应立即检查其呼吸、心跳。如呼吸停止，应马上做人工呼吸，先口对口吹入四口气，在5 s内观察其有无恢复自主呼吸，如无反应，应接着做人工呼吸，直至其恢复自主呼吸。

（3）如果溺水者呼吸、心跳完全停止了，应立即做心肺复苏。

（4）不能轻易放弃救治，特别是低温情况下，应抢救更长时间，直到专业救护人员到达。

（5）现场救护有效，伤员恢复心跳、呼吸，可用干毛巾擦遍全身，自四肢、躯干向心脏方向摩擦，以促进血液循环。

第四节　避险与逃生

一、毒气泄漏时的避险与逃生

化学毒气泄漏的特点是发生突然，扩散迅速，持续时间长，涉及面广。一旦出现泄漏事故，往往引起人们的恐慌，处理不当则会产生严重的后果。因此，发生毒气泄漏事故后，如果现场人员无法控制泄漏，则应迅速报警并选择安全逃生。不同化学物质以及在不同情况下出现泄漏事故，其自救与逃生的方法有很大差异，若逃生方法选择不当，不仅不能安全逃出，反而会使自己受到更严重的伤害。

1. 安全撤离事故现场

（1）发生毒气泄漏事故时，现场人员不可恐慌，应按照平时应急预案的演习步骤，各司其职，井然有序地撤离。

（2）从毒气泄漏现场逃生时，要抓紧宝贵的时间，任何贻误时机的行为都有可能给现场人员带来灾难性的后果。因此，当现场人员确认无法控制泄漏时，必须当机立断，选择正确的逃生方法，快速撤离现场。

（3）逃生要根据泄漏物质的特性，佩戴相应的个体防护用具。如果现场没有防护用具或者防护用具数量不足，也可应急使用湿毛巾或衣物捂住口鼻进行逃生。

（4）沉着冷静确定风向，然后根据毒气泄漏源位置，向上风向或沿侧风向转移撤离，也就是逆风逃生。另外，根据泄漏物质的密度，选择沿高处或低洼处逃生，但切忌在低洼处滞留。

（5）如果事故现场已有救护消防人员或专人引导，逃生时要服从他们的指引和安排。

2．提高自救与逃生能力

在毒气泄漏事故发生时能够顺利逃生，除了在现场能够临危不惧、采取有效的自救逃生方法外，还要靠平时对有毒、有害化学品知识的掌握和防护、自救能力的提高。因此，接触危险化学品的职工，应了解本企业、本班组各种化学危险品的危害，熟悉厂区建筑物、设备、道路等，必要时能以最快的速度报警或选择正确的方法逃生。同时，企业应向职工提供必要的设备、培训等条件，通过对职工的安全教育和培训，使他们能够正确识别化学品安全标签，了解有毒化学品安全使用程序和注意事项，以及所接触化学品对人体的危害和防护急救措施。企业还应制定和完善毒气泄漏事故应急预案，并定期组织演练，让每一个职工都了解应急方案，掌握自救的基本要领和逃生的正确方法，提高职工对毒气泄漏事故的应变能力，做到遇灾不慌，临阵不乱，能够正确判断和处理。

另外，根据国家有关法律法规规定，有毒气泄漏可能的企业，应该在厂区最高处安装风向标。发生泄漏事故后，风向标可以正确引导有关人员根据风向及泄漏源位置，及时往上风向或侧风向逃生。企业还应保证每个作业场所至少有两个紧急出口，紧急出口和通道要畅通无阻并有明显标志。

二、火灾时的避险与逃生

火灾的发生往往是瞬间的、无情的，如何提高自我保护能力，从火灾现场安全撤离，成为减少火灾事故中人员伤亡的关键。因此，多掌握一些自救与逃生的知识、技能，把握住脱险时机，就会在困境中拯救自己或赢得更多等待救援的时间，从而获得第二次生命。

1．遇到火情时的对策

（1）火势初期，如果发现火势不大，未对人与环境造成很大威胁，其附近有消防器材，如灭火器、消防栓、自来水等，应尽可能地在第一时间将火扑灭，不可置小火于不顾而酿成火灾。

（2）当火势失去控制，不要惊慌失措，应冷静机智地运用火场自救和逃生知识摆脱困境。心理的恐慌和崩溃往往使人丧失绝佳的逃生机会。

2．建筑物内发生火灾时如何避险与逃生

（1）火灾现场的自救与逃生

1）沉着冷静，辨明方向，迅速撤离危险区域。突遇火灾，面对浓烟和大火，首先要使自己保持镇静，迅速判断危险地点和安全地点，果断决定逃生的办法，尽快撤离险地。如果火灾现场人员较多，切不可慌张，更不要相互拥挤、盲目跟从或乱冲乱撞、相互践踏，避免造成意外伤害。

撤离时要朝明亮或外面空旷的地方跑，同时尽量向楼梯下面跑。进入楼梯间后，在确定下楼层未着火时，可以向下逃生，而决不应往上跑。若通道已被烟火封阻，则应背向烟火方向离开，通过阳台、气窗、天台等往室外逃生。如果现场烟雾很大或断电，能见度低，无法辨明方向，则应贴近墙壁或按指示灯的提示摸索前进，找到安全出口。

2）利用消防通道，不可进入电梯。在高层建筑中，电梯的供电系统在火灾时随时会断电，或因强热作用使电梯部件变形而"卡壳"，将人困在电梯内，给救援工作增加难度；同时由于电梯井犹如贯通的烟囱般直通各楼层，有毒的烟雾极易被吸入其中，人在电梯里随时会被浓烟毒气熏呛而窒息。因此，火灾时千万不可乘普通的电梯逃生，而是要根据情况选择进入相对较为安全的楼梯、消防通道、有外窗的通廊。此外，还可以利用建筑物的阳台、窗台、天台屋顶等攀到周围的安全地点。

如果逃生要经过充满烟雾的路线，为避免浓烟呛入口鼻，可使用毛巾或口罩蒙住口鼻，同时使身体尽量贴近地面或匍匐前行。烟气较空气轻而飘于上部，贴近地面撤离是避免烟气吸入、滤去毒气的最佳方法。穿过烟火封锁区，应尽量佩戴防毒面具、头盔、阻燃隔热服等护具，如果没有这些护具，可向头部、身上浇冷水或用湿毛巾、湿棉被、湿毯子等将头、身体裹好，再冲出去。

3）寻找、自制有效工具进行自救。有些建筑物内设有高空缓降器或救生绳，火场人员可以通过这些设施安全地离开危险的楼层。如果没有这些专门设施，而安全通道又已被烟火封堵，在救援人员还不能及时赶到的情况下，可以迅速利用身边的绳索或床单、窗帘、衣服等自制成简易救生绳，有条件的最好用水打湿，然后从窗台或阳台沿绳缓滑到下面楼层或地面；还可以沿着水管、避雷线等建筑结构中的凸出物滑到地面安全逃生。

4）暂避较安全场所，等待救援。假如用手摸房门已感到烫手，或已知房间被大火或烟雾围困，此时切不可打开房门，否则火焰与浓烟会顺势冲进房间。这时可采取创造避难场所、固守待援的办法。首先应关紧迎火的门窗，打开背火的门窗，用湿毛巾或湿布条塞住门窗缝隙，或者用水浸湿棉被蒙上门窗，并不停泼水降温，同时用水淋透房间内可燃物，防止烟火渗入，固守在房间内，等待救援人员到达。

5）设法发出信号，寻求外界帮助。被烟火围困暂时无法逃离的人员，应尽量站在阳台或窗口等易于被人发现和能避免烟火近身的地方。在白天，可以向窗外晃动鲜艳衣物，或向外抛轻型晃眼的东西；在晚上，可以用手电筒不停地在窗口闪动或者利用敲击金属物、大声呼救等方式，及时发出有效的求救信号，引起救援者的注意。另外，消防人员进入室内救援都是沿墙壁摸索前进，所以当被烟气窒息失去自救能力时，应努力滚到墙边或门边，便于消防人员寻找、营救。同时，躺在墙边也可防止房屋结构塌落砸伤自己。

6）无法逃生时，跳楼是最后的选择。身处火灾烟气中的人，精神上往往陷于恐惧之中，这种恐慌的心理极易导致不顾一切的伤害性行为，如跳楼逃生。应该注意的是，只有消防人员准备好救生气垫并指挥跳楼时，或者楼层不高（一般4层以下），非跳楼即被烧死的情况下，才可采取跳楼的方法。即使已没有任何退路，若生命还未受到严重威胁，也要冷静地等待消防人员的救援。

跳楼也要有技巧。跳楼时应尽量往救生气垫中部跳或选择有水池、软雨篷、草地等方向跳；如有可能，要尽量抱些棉被、沙发垫等松软物品或打开雨伞跳下，以减缓冲击力。如果徒手跳楼，一定要抓住窗台或阳台边沿使身体自然下垂，以尽量降低身体与地面的垂直距离，落地前要双手抱紧头部，身体弯曲成一团，以减少伤害。跳楼虽可求生，但会对身体造成一定的伤害，所以要慎之又慎。

（2）提高自救与逃生能力

1）熟悉周围环境，记牢消防通道路线。每个人对自己工作场所环境和居住所在地的建筑物结构及逃生路线要做到了如指掌；若处于陌生环境，如入住宾馆、到商场购物、进入娱乐场所时，务必要留意疏散通道、紧急出口的具体位置及楼梯方位等，这样一旦火灾发生，寻找逃生之路就会胸有成竹，临危不惧，并安全迅速地脱离现场。

2）不断提高自己的安全意识。只有在日常工作和生活中注意积累和提高各种安全技能，才能使自己面对险境时保持镇静，得以生存。因此，有火灾隐患的单位或其他有条件的单位，应集中组织火灾应急逃生预演，使人们熟悉周围环境和建筑物内的消防设施及自救逃生的方法。这样，火灾发生时，就不会惊慌失措、走投无路，使每个人都能沉着应对，从容不迫地逃离险境。这也是人们能从火场逃生的最有效措施之一。

3）保持通道出口畅通无阻。楼梯、消防通道、紧急出口等是火灾发生时最重要的逃生之路，应确保其畅通无阻，切不可堆放杂物或封闭上锁。任何人发现任何地点的消防通道或紧急出口被堵塞，都应及时报告公安消防部门进行处理。

3. 矿井发生火灾时如何避险与逃生

井下发生火灾事故时，现场人员要保持镇静，并尽力进行灭火。如果火灾范围很大，或者火势很猛，现场人员已无力扑灭，就要进行自救避灾。由于矿井环境的特殊性，因此积极进行自救避险显得极为重要。具体做法是：

（1）迅速戴好自救器，听从现场指挥人员的指挥，按照平时应急方案的演习步骤，有秩序地撤离火灾现场。

（2）位于火源进风侧人员，应迎着新鲜风撤退。位于火源回风侧人员，如果距火源较近且火势不大时，应迅速冲过火源撤到进风侧，然后迎风撤退；如果无法冲过火区，则沿回风侧撤退一段距离，尽快找到捷径绕到新鲜风流中再撤退。

（3）如果巷道已经充满烟雾，也绝对不能惊慌，不能乱跑，要迅速辨明发生火灾的地区和风流方向，然后俯身摸着铁道或铁管有秩序地外撤。

（4）如果实在无法撤出，应利用独头巷道、硐室或两道风门之间的条件，因地制宜，就地取材构建临时避难硐室，尽量隔断风流，防止烟气侵入，然后静卧待救。

附件：

新工人入场安全教育测试试题
（公司级）

一、填空题

1. 三级安全教育制度是企业安全教育的基础制度，三级教育是指（　　　）、（　　　）、（　　　）。

2. 我国的安全生产方针是（　　　）。

3. 当今世界各国政府采取强制手段对本国公民实施的三大安全主题是（　　　）。

4. 我国的消防工作方针是（　　　）。

5. 新修订的《中华人民共和国安全生产法》正式实施的时间为（　　　）。

6. 新修订的《中华人民共和国职业病防治法》正式实施的时间为（　　　）。

7. "三不伤害"活动指的是（　　　）。

8. 危险识别和评价考虑的因素有（　　　）、（　　　）、（　　　）。

9. 生产过程中的"三违"现象是指（　　　）、（　　　）、（　　　）。

10、职业病防治工作坚持（　　　）的方针，实行（　　　）。

二、选择题（不定项选择）

1. 国家标准《安全色》（GB 2893—2008）中规定的四种安全色是（　　　）。

A. 红、蓝、黄、绿　　　　　　B. 红、蓝、黑、绿

C. 红、青、黄、绿　　　　　　D. 白、蓝、黄、绿

2. 电焊作业可能引起的疾病主要有（　　　）。

A. 电焊工尘肺　　　　　　　　B. 气管炎

C. 电光性眼炎　　　　　　D. 皮肤病

3. 漏电保护装置主要用于（　　　）。

A. 减小设备及线路的漏电

B. 防止供电中断

C. 减少线路损耗

D. 防止人身触电事故及漏电火灾事故

4. 在密闭场所作业（氧气浓度为18％，有毒气体超标且空气不流通）时，应选用的个体防护用品为（　　　）。

A. 防毒口罩　　　　　　　B. 有相应滤毒的防毒口罩

C. 供应空气的呼吸保护器　D. 防尘口罩

5. 在下列绝缘安全工具中，属于辅助安全工具的是（　　　）。

A. 绝缘棒　　　　　　　　B. 绝缘挡板

C. 绝缘靴　　　　　　　　D. 绝缘夹钳

三、判断题

1. 新入厂员工必须经过三级安全培训方准上岗，在工作中必须严格按照操作规程和工艺要求等。　　　　　　　（　　）

2. 电器和油类着火时可以采用水进行扑救。　　　　（　　）

3. 发现有人触电，应先用木棍等挑开触电者身上的电线，然后再断电。　　　　　　　　　　　　　　　　　　（　　）

4. 三级安全教育是指对新招收或调入的职工以及新进厂的临时工、合同工、培训和实习人员等在分配到车间或工作地点以前进行的厂级、车间级和岗位级安全教育。　　　　　　　（　　）

5. 灭火的基本方法主要有冷却法、窒息法、离子法和抑制法四种。　　　　　　　　　　　　　　　　　　　　　　（　　）

6. 干粉灭火器主要用来扑救石油及其产品、可燃气体、电气设备的中期火灾。　　　　　　　　　　　　　　　　（　　）

7. 设备出现故障操作工可以自己维修。　　　　　　（　　）

8. 我国的安全生产方针是：安全第一，预防为主。　（　　）

9. 签订安全责任书后必须严格按照承诺内容执行，杜绝违章作业给自己、他人造成伤害。　　　　　　　　　　　（　　）

10. 未经安全生产教育和培训合格的从业人员，不得上岗作业。 （　　）

11. 特种作业人员如行车工、电梯工、焊工、电工等，必须按照国家有关规定经专门的安全作业培训，取得特种作业操作资格证书，方可上岗作业。 （　　）

12. 职工有履行接受培训，掌握安全生产技能的义务。（　　）

13. 设备运行中操作必须严格遵守设备安全操作规程。（　　）

14. 设备运行中不准身体的任何部位进入设备中。 （　　）

15. 设备运行中任何人不准私自拆除或不使用安全防护设施。 （　　）

16. 设备发生故障不符合安全要求时，应立即断电停机，通知设备维修人员维修。 （　　）

17. 劳动防护用品是指国家为了保护劳动者在生产过程中的人身安全和健康，根据劳动者在生产过程中所处的不同的生产环境条件而采取的一种必需的劳动防护装备。 （　　）

18. 消防方针：预防为主、防消结合，坚持专门机关与群众相结合的原则，实行防火安全责任制。 （　　）

19. 任何单位、个人都有维护消防安全、保护消防设施、预防火灾、报告火警的义务。任何单位、成年公民都有参加有组织的灭火工作的义务。 （　　）

20. 公共场所发生火灾时，该公共场所的现场工作人员有组织、引导在场群众疏散的义务。 （　　）

21. 水用于扑救一般固体物质火灾，也可以扑救粉尘、带电设备火灾。 （　　）

22. 干粉灭火剂主要通过在加压气体作用下喷出的粉雾与火焰接触、混合时发生的物理、化学作用灭火。 （　　）

23. 楼梯、通道、安全出口等是火灾发生时最重要的逃生之路，应保证畅通无阻，切不可堆放杂物或设闸上锁，以便紧急时能安全迅速地通过。 （　　）

24. 突遇火灾，面对浓烟和烈火，首先要强令自己保持镇静，迅速判断危险地点和安全地点，决定逃生的办法，尽快撤离险地。千万不要盲目地跟从人流和相互拥挤、乱冲乱窜。撤离时要注意：朝明亮处或外面空旷地方跑；尽量往楼层下面跑；若通道已被烟火封阻，则应背向烟火方向离开，通过阳台、气窗、天台等往室外逃生。　　　　　　　　　　　　　　　　　　　　　　　　（　　）

25.　当身上衣服着火时，应赶紧设法脱掉衣服或就地打滚，压灭火苗；能及时跳进水中或让人向身上浇水、喷灭火剂就更有效了。　　　　　　　　　　　　　　　　　　　　　　　　　　（　　）

26.　如果发生火灾应立即与当地消防部门联系请求援助，火警电话：119。　　　　　　　　　　　　　　　　　　　　　（　　）

27.　生产经营单位发生生产安全事故后，应当立即启动事故应急预案，采取有效措施组织抢救，防止事故扩大，减少人员伤亡和财产损失，事故现场人员应当立即向本单位负责人报告，单位负责人接到报告后应当于1小时内向事故发生地县级以上人民政府安全生产监督管理部门报告。　　　　　　　　　　　　　　（　　）

28.　当发生电气安全事故时，为确保救护者的人身安全，应首先通知安全管理部门，等待实施紧急救护措施后进行处理。（　　）

29.　当电气设施发生火灾时严禁用水、泡沫灭火器等导电性物质灭火，以防触电，此时用1211、干粉等灭火器比较安全。（　　）

30.　低压触电应采取切断电源或其他电源隔断法进行救护。　　　　　　　　　　　　　　　　　　　　　　　　　　（　　）

新工人入场安全教育测试试题
（部门级）

一、单项选择题

1. 下列物质中，属于易燃易爆压缩气体或液化气体的有（ ）。

A. 液氨　　　　B. 空气　　　　C. 氮气　　　　D. 汽油

2. 凡一次销毁（ ）kg 以上的易燃易爆化学物品的，应报请当地公安消防机构和环保部门的同意，在指定的地点采用指定的方法销毁。

A. 30　　　　B. 50　　　　C. 80　　　　D. 100

3. 下列（ ）灭火剂是扑救精密仪器火灾的最佳选择。

A. 二氧化碳　　B. 干粉　　　　C. 泡沫

4. 用灭火器灭火时，灭火器的喷射口应该对准火焰的（ ）。

A. 上部　　　　B. 中部　　　　C. 根部

5. 身上着火后，下列哪种灭火方法是错误的（ ）。

A. 就地打滚

B. 用厚重衣物覆盖压灭火苗

C. 迎风快跑

6. 室内不得存放超过（ ）kg 的汽油。

A. 1.5　　　　B. 1　　　　C. 0.5

7. （ ）必须分间、分库储存。

A. 灭火方法相同的物品

B. 容易相互发生化学反应的物品

C. 以上两个答案都对

8. 依据《仓库防火安全管理规则》，库房内的照明灯具的垂直下方与储存物品水平间距不得小于（ ）m。

A. 0.3   B. 0.4   C. 0.5

9. 架空线路的下方（   ）堆放物品。

A. 可以   B. 不可以   C. 经批准后可以

10.（   ）火灾不能用水扑灭。

A. 棉布、家具

B. 金属钾、钠

C. 木材、纸张

11. 电脑着火了，应（   ）。

A. 迅速往电脑上泼水灭火

B. 拔掉电源后用湿棉被盖住电脑

C. 拨打火警电话，请消防队来灭火

12. 用灭火器进行灭火的最佳位置是（   ）。

A. 下风位置

B. 上风或侧风位置

C. 离起火点 10 m 以上的位置

D. 离起火点 10 m 以下的位置

13. 干粉灭火器每（   ）检查一次。

A. 半年   B. 一年   C. 三个月   D. 两年

二、填空题

1. 火灾逃生的四个要点是 _____、_____、_____、_____。

2. 干粉灭火剂主要适用于扑救_____物质的火灾，有的还适用于扑救木材、轻金属和碱金属火灾。

3. 火灾中，烟气对人的危害特性有_____。

4. 在气温较高的环境下，由于身体热量不能及时散发，体温失调，则容易引起_____。

5.《劳动法》规定：劳动者在劳动过程中必须严格遵守_____，对用人单位管理人员违章指挥、强令冒险作业，有权拒绝执行。

三、判断题

1. 泡沫灭火器可用于带电灭火。   （   ）

2. 物质的燃点越低，越不容易引起火灾。　　　（　）

3. 发生了燃烧就发生了火灾。　　　　　　　（　）

4. 凡是设有仓库或生产车间的建筑内，不得设职工集体宿舍。

　　　　　　　　　　　　　　　　　　　（　）

5. 可燃气体与空气形成混合物遇到明火就会发生爆炸。（　）

6. 火场上的扑救原则是：先人后物、先重点后一般、先控制后消灭。　　　　　　　　　　　　　　　　　（　）

7. 消防通道的宽度不应小于 3.5 m。　　　　（　）

8. 当单位的安全出口上锁、遮挡，或者占用、堆放物品影响疏散通道畅通时，单位应当责令有关人员当场改正并督促落实。　　　　　　　　　　　　　　　　　　（　）

9. 凡是能引起可燃物着火或爆炸的热源统称为点火源。（　）

10. 使用过的油棉纱、油手套等沾油纤维物品以及可燃包装，应放在安全地点，且定期处理。　　　　　　　（　）

11. 发现火灾时，单位或个人应该先自救。如果自救无效，火越着越大时，再拨打火警电话119。　　　　　（　）

12. 岗位消防安全"四知四会"中的"四会"是指：会报警，会使用消防器材，会扑救初期火灾，会逃生自救。（　）

13. 焊接管道和设备时，必须采取防火安全措施。　（　）

14. 泡沫灭火器应放置在高温地方。　　　　　（　）

四. 问答题

1. 干粉灭火器的使用方法？

2. 发现着火时，应怎样处理？

3. 配电间中的火灾原因主要有哪些？

4. 电焊引起的火灾有几种情况？

新工人入场安全教育测试试题
（班组级）

一、填空题

1. 三违是指_____、_____、_____。

2. 进入施工现场必须_____，严格执行安全技术操作规程。

3. 安全标志分_____、_____、_____、_____四类。_____标志的含义是不准或制止人们的某些活动。_____标志的含义是使人们注意可能发生的危险。_____标志的含义是必须要遵守的意思。_____标志的含义是示意目标或方向。

4. 施工现场的"三宝"是_____、_____、_____。

5. 特种作业人员必须_____、_____、_____。

6. 施工现场的五小设施是指_____、_____、_____、_____、_____，现场施工必须做到_____。

7. 施工现场的四口：_____、_____、_____、_____。

8. 施工机械的十字作业规则是_____、_____、_____、_____、_____。

9. 伤亡事故发生的直接原因是_____和_____。

10. 进场工人必须经_____。

二、判断题

1. 班组管理中的"亲"，是指班组中要有亲和力，要使班组成员感觉班组是真正的职工之家，在班组中形成和谐的工作气氛。

（　　）

2. 安全工作的重心在班组，班组安全工作的关键在班组长。

（　　）

3. 任何活动不一定都需要管理。由此看出，好的管理与对目

标的实现，没有因果关系。 （　　）

4. 班组是工业企业的基层组织，是加强企业管理，搞好安全生产的基础。 （　　）

5. 班组长要贯彻执行公司、厂、工段对安全生产的规定和要求，全面负责本班组的安全生产。 （　　）

6. 所谓高处作业，是指在距基准面 2 m 以上（含 2 m）有可能坠落的高处进行作业。 （　　）

7. 危险辨识工作只局限于对设备和环境开展。 （　　）

8. 从业人员无权对本单位安全生产工作中存在的问题提出批评、检举、控告，但是有权拒绝违章指挥和强令冒险作业。（　　）

9. 生产经营单位在从业人员同意的情况下订立某种协议，就可以免除或者减轻其对从业人员因生产安全事故伤亡依法应承担的责任。 （　　）

10. 我国的安全工作方针是"安全第一，预防为主"。（　　）

三、单项选择题

1. 《班组安全管理工作目标》中明确指出：班组成员的标准化操作应该形成（　　）。

A. 意识　　　　B. 习惯　　　　C. 观念　　　　D. 标准

2. 安全（　　）是构成班组安全文化的核心。

A. 价值观　　　B. 意识观念　　C. 责任感　　　D. 人生观

3. 在确立班组工作目标时，要有安全生产的内容，并按"生产无隐患、个人无违章、班组无（　　）"的要求，结合班组的具体情况，制定出实现"安全合格班组"标准的具体办法。

A. 违纪　　　　B. 事件　　　　C. 违规　　　　D. 事故

4. （　　）是安全管理预防为主的根本体现和安全生产管理的最高境界。

A. 绝对性安全　　　　　　　B. 相对性安全

C. 绝对化安全　　　　　　　D. 本质化安全

5. 海因里希事故因果连锁理论将伤害事故的直接原因确定为（　　）。

A. 遗传及社会环境

B. 人的缺点

C. 人的不安全行为和物的不安全状态

D. 事故

6. 电气设备着火，应使用（ ）灭火。

　A. 湿棉被　　　　　　　　B. 泡沫灭火器

　C. 黄泥　　　　　　　　　D. 干粉灭火器

7. 安全带使用（ ）年后应检查一次。

A. 2 年　　　　B. 3 年　　　　C. 4 年　　　　D. 5 年

8. 电焊机一次线的长度不能大于（ ）m。

A. 2　　　　　B. 5　　　　　C. 8　　　　　D. 10

9. 下列哪些物品不属于劳动防护用品（ ）。

　A. 安全帽　　　　　　　　B. 护目镜

　C. 防噪声耳塞　　　　　　D. 应急灯

10. 建筑物起火后的（ ）分钟内是进行灭火的最佳时间，超过这个时间，就要设法逃离现场。

　A. 5 ~ 7　　　　B. 3 ~ 5　　　　C. 6 ~ 8　　　　D. 8 ~ 10

四、简答题

1. 班组安全管理的对象有哪些？

2. 用电安全有哪些基本要素？

新工人入场安全教育测试试题
（公司级）答案

一、填空题

1. 公司级安全生产教育　部门级或车间级安全教育　班组级或岗位级安全教育

2. "安全第一、预防为主、综合治理"

3. 健康、安全、环境

4. 预防为主、防消结合

5. 2014 年 12 月 1 日

6. 2011 年 12 月 31 日

7. 不伤害自己、不伤害别人、不被别人伤害

8. 人　环境　财产

9. 违章指挥　违章操作　违反劳动纪律

10. 预防为主，防治结合　分类管理，综合治理

二、选择题

1. A　2. A、C　3. D　4. C　5. C

三、判断题

1. √　2. ×　3. ×　4. √　5. ×　6. ×　7. ×　8. √
9. √　10. √　11. √　12. √　13. √　14. √　15. √
16. √　17. √　18. √　19. √　20. √　21. ×　22. √
23. √　24. √　25. √　26. √　27. √　28. ×　29. √
30. √

新工人入场安全教育测试试题
（部门级）答案

一、选择题

1．A 2．D 3．A 4．C 5．C 6．C 7．B 8．C 9．B
10．B 11．B 12．B 13．A

二、填空题

1．防烟熏　果断迅速逃离火场　寻找逃生之路　等待他救
2．易燃液体、可燃气体和电气火灾
3．缺氧、毒害、尘害、高温
4．中暑
5．安全操作规程

三、判断题

1．× 2．× 3．√ 4．× 5．√ 6．× 7．√ 8．√
9．√ 10．√ 11．√ 12．× 13．√ 14．×

四、问答题

1．答：将干粉灭火器提到可燃物前，站在上风向或侧风面，上下颠倒摇晃几次，拔掉保险销或铅封，一手握住喷嘴，对准火焰根部，一手按下压把，干粉即可喷出。灭火时，要迅速摇摆喷嘴，使粉雾横扫整个火区，由近及远，向前推进，将火扑灭掉，同时注意不能留有遗火。遇油品着火，不能直接喷射，以防液体飞溅，造成扑救困难。

2．答：发现着火不要惊慌，应立即用身边灭火器材进行扑救，同时发出信号，向消防队报警，遇紧急行动时要注意：使用身边灭火器扑救，必须与燃烧物质相适应，在外援到来之前有效地控制火势的蔓延；正确处理生产操作，防止火势扩大，以防误操作造成损失增大；正确报警，报警前牢记电话号码，拨通后要讲清着火点、

着火对象，注意听清消防人员问话。

3. 答：短路、过电荷、接触电阻过大、电火花、电弧。

4. 飞散的火花、熔融金属和熔渣的颗粒，燃着焊接处附近的易燃物及可燃气体引起火灾；电焊机的软线长期拖拉，使绝缘破坏发生短路而起火，或电焊回线乱搭乱放，造成火灾；电焊机本身或电源线绝缘损坏短路发热造成火灾。

新工人入场安全教育测试试题
（班组级）答案

一、填空题

1. 违章指挥　违章操作　违反劳动纪律
2. 戴好安全帽
3. 禁止　警告　指令　提示　禁止　警告　指令　提示
4. 安全帽　安全带　安全网
5. 经过专业培训　考核合格　持证上岗
6. 办公室　宿舍　浴室　厕所　食堂　工完料清
7. 通道口　预留洞口　楼梯口　电梯井口
8. 清洁　润滑　调整　紧固　防腐
9. 人的不安全行为　物的不安全状态
10. 三级安全教育，考核合格方可上岗

二、判断题

1. √　2. √　3. ×　4. √　5. √　6. √　7. ×　8. ×
9. ×　10. ×

三、单项选择题

1. B　2. A　3. D　4. D　5. C　6. D　7. A　8. B　9. D
10. A

四、简答题

1. 答：班组安全管理的对象有——人：作业者；机（物）：机器、工具、物料；环境：空间、时间；管理：作业方法或手段。

2. 答：电气绝缘、安全距离、设备及其导体载流量，明显和准确的标志等是保证用电安全的基本要素。

参 考 文 献

［1］中国安全生产协会注册安全工程师工作委员会编. 安全生产技术［M］. 北京：中国大百科全书出版社，2008.

［2］国家安全生产监督管理总局培训中心编. 新工人岗前安全培训教材［M］. 北京：气象出版社，2006.

［3］孟燕华. 班组长职业安全健康知识［M］. 北京：化学工业出版社，2005.

［4］北京英达管理培训中心，北京世纪德铭科技发展有限公司编著. 企业员工安全意识普及教材［M］. 北京：中国计量出版社，2005.

［5］任树奎，刘铁民. 作业场所职业危害预防与管理［M］. 北京：中国劳动社会保障出版社，2006.

［6］孟燕华，胡广霞. 新工人职业安全健康知识［M］. 北京：化学工业出版社，2005.

［7］中国安全生产科学研究院编. 农民工安全生产教育读本［M］. 北京：气象出版社，2006.

［8］夏艺，夏风云. 个体防护装备技术［M］. 北京：化学工业出版社，2008.

［9］邢娟娟等. 事故现场救护与应急自救［M］. 北京：航空工业出版社，2006.

［10］邢娟娟，陈江. 劳动防护用品与应急防护装备实用手册［M］. 北京：航空工业出版社，2006.

［11］陈卫红，陈镜琼等. 职业危害与职业健康安全管理［M］. 北京：化学工业出版社，2006.

［12］苏华龙. 危险化学品安全管理［M］. 北京：化学工业出版社，2006.

［13］林大泽，韦爱勇．职业安全卫生与健康［M］．北京：地质出版社，2005.

［14］李洪．职业安全与健康［M］．北京：人民出版社，2010.

［15］杰夫·泰勒等著，樊运晓译．职业安全与健康［M］．北京：化学工业出版社，2009.

［16］约翰·瑞德里，约翰·强尼著．江宏伟译．职业安全与健康［M］．北京：煤炭工业出版社，2012.